陕西省科技厅及西安市科技局支持项目

边缘计算安全技术与实践

——以车联网场景为例

赵 旭 著

西安电子科技大学出版社

内 容 简 介

随着物联网、车联网、无人机网络等技术的快速发展，边缘计算的重要性日益凸显。而随着边缘计算的快速发展，其存在的安全问题也不容忽视。

本书针对边缘计算环境及其典型应用场景——车联网中存在的安全问题，在对现有应对方案进行归纳、总结的基础上，提出了具体的解决方案，以期提高边缘计算的安全性，使其得到更广泛的应用。

本书共十二章，主要内容包括对边缘计算体系架构、安全问题研究现状的详细归纳，以及边缘计算和典型应用场景(车联网环境下)的相关安全解决方案。

本书可作为相关从业者与科研人员的参考资料，也可作为相关专业的本科生与研究生更深入了解边缘计算安全领域相关进展的重要资料。此外，作为边缘计算安全方面的一般性科技读物，本书也可供社会各界人士阅读。

图书在版编目（CIP）数据

边缘计算安全技术与实践 / 赵旭著. -- 西安 ：西安电子科技大学出版社，2024. 11. -- ISBN 978-7-5606-7463-6

Ⅰ. TP393.4；TP18

中国国家版本馆 CIP 数据核字第 20241CX186 号

策　　划　李惠萍

责任编辑　买永莲

出版发行　西安电子科技大学出版社（西安市太白南路 2 号）

电　　话　(029) 88202421　88201467　　邮　　编　710071

网　　址　www.xduph.com　　电子邮箱　xdupfxb001@163.com

经　　销　新华书店

印刷单位　陕西天意印务有限责任公司

版　　次　2024 年 11 月第 1 版　　2024 年 11 月第 1 次印刷

开　　本　787 毫米×960 毫米　1/16　　印张　12

字　　数　244 千字

定　　价　32.00 元

ISBN 978-7-5606-7463-6

XDUP 7764001-1

前　　言

随着物联网和5G技术的快速发展，网络边缘的各类传感器设备呈现爆发式增长。这些传感器产生了大量数据，基于云计算的单一计算资源模型已经不能满足大数据处理的实时性、安全性和低能耗的需求。因此，边缘计算(Edge Computing，EC)应运而生。相对于传统集中计算而言，边缘计算是将任务处理部署在网络边缘的一种计算方式。边缘计算使网络终端设备大量参与到任务计算中，实现了数据就近存取和低成本管理。然而，在网络边缘，由于设备的处理能力、能耗等受到限制，传统的入侵检测技术无法直接应用，因此边缘网络安全就受到了威胁。

为了解决边缘计算所面临的各种安全问题，国内外学者提出了多种应对方案。本书在对现有应对方案进行归纳、总结的基础上，针对已有研究中存在的问题，提出了具体的解决方案，以期提高边缘计算的安全性，使其得到更广泛的应用。本书共十二章。第一章对边缘计算及具体问题的研究现状进行了介绍。第二至十二章给出了不同层面安全问题的解决方案。其中，第二、三章从任务调度视角，研究边缘计算环境下分布式入侵检测系统的任务调度问题，第四章从任务卸载视角，研究协作式入侵检测系统的任务卸载问题；第五至七章从多媒体流量检测视角，研究分布式入侵检测系统对边缘计算环境下多媒体流量的单独检测等问题。第八至十二章研究边缘计算典型的应用场景(车联网环境下)的安全和资源分配问题。其中，第八章研究车联网环境下的入侵检测问题，第九、十章研究车联网的数据隐私保护问题，第十一、十二章研究车联网中任务卸载的资源分配问题。本书提出的新理论、新思路和新方法对如车联网、物联网、无人机网络等资源受限环境开展网络安全数据检测具有一定的参考价值。

本书由西安工程大学的赵旭教授主编，陕西边云协同网络科技有限责任公司、陕西壬甲丙网络科技有限责任公司的科技人员共同参与编写。感谢王旭、王菲宇、赵天昊、吴一川在本书内容编写中所作的贡献。本书得到了陕西省科技厅科技成果转化先行区科创企业培育项目(2023QYPY－14)、陕西省科技厅“两链”融合重点专项(2023QCY－LL－34)、西安市科技局秦创原总窗口科技成果转化孵化项目(2023JH－QCYCK－0030)的资助。

限于作者水平，书中不妥之处在所难免，欢迎广大读者批评指正。

编　者

2024 年 4 月

目　录

第一章　边缘计算安全概述

本章阐述边缘计算的由来、特点以及当前的发展状况，对入侵检测、任务调度、任务卸载、多媒体流量识别、隐私保护等关键技术进行重点介绍，并回顾相关研究现状。

1.1 边缘计算

传统云计算的数据处理方式，是将数据的计算和存储均放在云计算中心，采用集中方式执行。由于云计算中心具有较强的计算和存储能力，这种资源集中的数据处理方式可以为用户节省大量的开销[1]。然而，随着物联网和5G技术的快速发展，智慧城市等新型服务模式和业务不断涌现，智能手机、可穿戴设备以及其他传感设备数量呈现爆炸式增长趋势，随之而来的是物联网终端产生的海量级数据。处于网络边缘的设备节点不再只是数据产生者和使用者，而正在向具有数据采集、模式识别、数据挖掘等大数据处理能力的计算节点转变[2]。在这种情况下，传统的云计算模型已无法满足万物互联的应用需求，主要原因如下：

（1）线性增长的集中式云计算能力无法匹配爆炸式增长的海量边缘数据[1]。

（2）从网络边缘将数据发送到云端存储和处理，将消耗大量的网络带宽和计算资源，致使网络延迟时间较长。

（3）网络边缘设备通常资源（如存储、计算能力和电池容量等）受限，数据在边缘设备和云计算中心之间长距离传输的能耗问题突出[2]。

（4）边缘设备数据涉及个人隐私和安全的问题变得尤为重要。

所以，单纯依靠云计算集中式的计算方式，将不足以支持边缘网络的海量数据处理任务，因此，边缘计算应运而生。

不同于传统集中计算，边缘计算是将任务处理部署在网络边缘的一种计算方式。边缘计算使网络终端设备大量参与到任务计算中，实现了数据的就近存取和低成本管理。边缘计算使网络边缘数据不再全部上传至云端处理，极大地减轻了网络带宽和数据处理中心的压力。另外，在靠近数据生产者处进行数据处理，而不需要通过网络请求云计算中心的响应，减少了系统延迟，增强了响应能力[3]。

边缘计算 2.0 架构[4]如图 1-1 所示。边缘计算的业务本质是云计算在数据中心之外向汇聚节点的延伸和演进，主要包括云边缘、边缘云和边缘网关三类落地形态；以“边云协同”和“边缘智能”为核心能力发展方向；软件平台需要考虑导入云理念、云架构、云技术，提供端到端实时、协同式智能以及可信赖、可动态重置等能力；硬件平台需要考虑异构计算能力，可采用鲲鹏、ARM、X86、GPU、NPU、FPGA 等芯片。

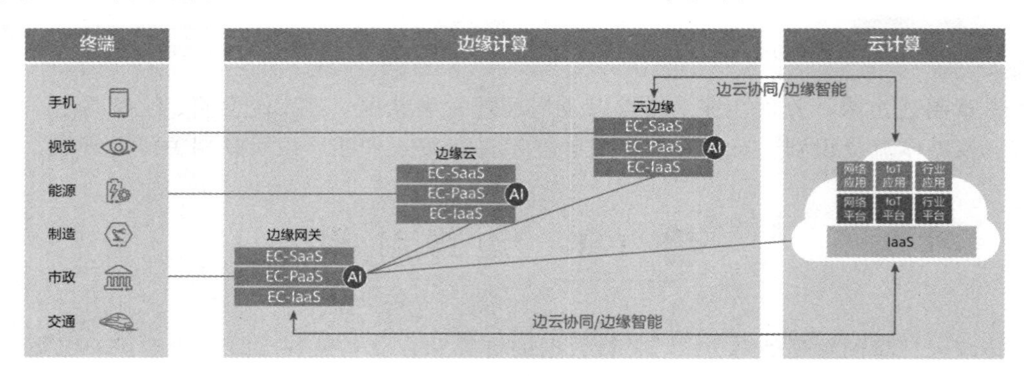

图 1-1 边缘计算 2.0 架构

1.2 边缘计算 3.0 参考架构

ECC(Edge Computing Consortium，边缘计算产业联盟)于 2018 年提出了边缘计算 3.0参考架构，如图 1-2 所示。此参考架构在每层提供了模型化的开放接口，实现了架构的全层次开放；通过纵向管理服务、数据全生命周期服务、安全服务，实现业务的全流程、全生命周期的智能服务。

边缘计算 3.0 参考架构[4]的主要内容介绍如下。

(1) 整个系统分为云、边缘和现场设备三层，边缘计算位于云端和现场设备层之间，边缘层向下支持各种现场设备的接入，向上可以与云端对接。

(2) 边缘层包括边缘节点和边缘管理器两个主要部分。边缘节点是硬件实体，是承载边缘计算业务的核心。边缘管理器的呈现核心是软件，主要功能是对边缘节点进行统一的管理。

(3) 边缘节点一般具有计算资源、网络资源和存储资源，边缘计算系统对资源的使用有以下两种方式：

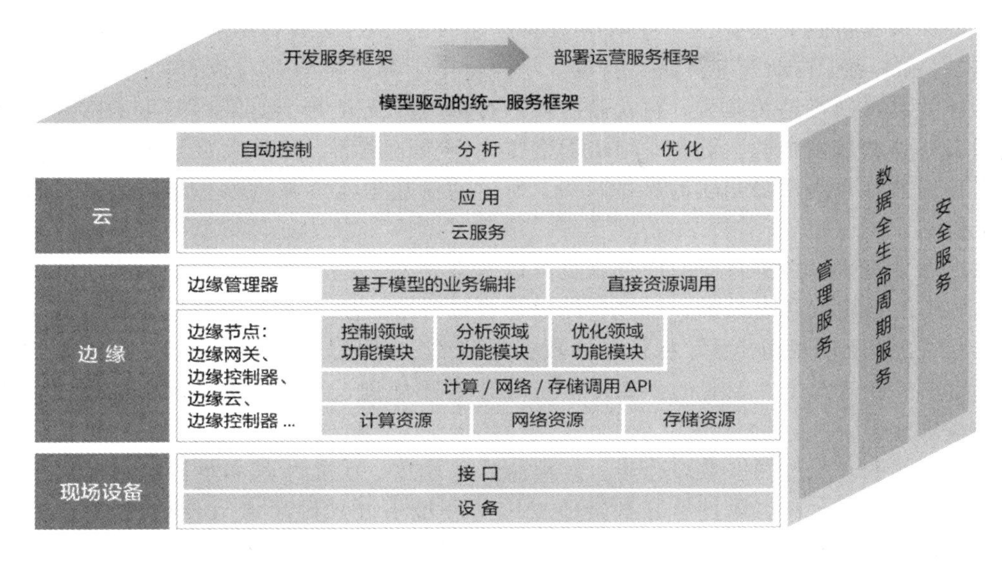

图 1-2　边缘计算 3.0 参考架构

① 直接将计算资源、网络资源和存储资源进行封装，并提供调用接口，边缘管理器以代码下载、网络策略配置和数据库操作等方式使用边缘节点资源；

② 进一步将边缘节点的资源按功能领域封装成功能模块，边缘管理器通过模型驱动的业务编排方式来组合和调用功能模块，实现边缘计算业务的一体化开发和敏捷部署。

1.3　边缘计算安全

由于边缘计算服务模式的复杂性、实时性，数据的多源异构性、感知性以及终端的资源受限特性，传统云计算环境下的数据安全和隐私保护机制不再适用于对边缘设备产生的海量数据的安全防护[2]。在云计算中存在的网络安全威胁，在边缘环境中会因为计算模式的复杂性和数据的多源异构性而表现得更加复杂。

在云计算环境中，网络安全问题可以采用入侵检测系统(Intrusion Detection System，IDS)来进行安全防护。IDS 将检测流量根据一定规则分配到多个检测引擎中进行检测，如果检测引擎发现可疑信息即报警。传统的 IDS 常常被部署在云计算中心，可以依赖高性能的计算设备进行安全检测。但是在网络边缘，由于设备的处理能力、能耗等受到限制，传统的入侵检测设备无法直接部署，需要进行改造，以便能够在低负载环境中完成任务分配和检测。

在云计算向边缘计算发展的同时，物联网也在向多媒体物联网演进。随着摄像头、传感器和可穿戴设备的大量应用，在网络边缘产生了海量的多媒体数据。据英特尔前 CEO Brian Krzanich 称，自动驾驶汽车每行驶 8 小时将产生并消耗约 40 TB 的数据，这些数据对自动驾驶的决策过程至关重要，它就像燃料一样为汽车所依赖。如果将海量的多媒体数据传送到云计算的数据中心去处理，将给网络带来巨大的压力，同时决策系统也会因为严重的网络延迟而导致无法做出实时性的决策。所以这些数据需要在网络边缘就近被处理和进行安全检测。

在边缘计算中，科学合理的任务调度可以有效地对一些技术指标进行优化。在此基础上，将某些任务卸载到边缘服务器进行处理还可以有效解决边缘节点的性能和资源限制等问题。另外，从微观视角出发，将任务的数据类型细分，可以发现网络边缘有大量的多媒体流量，如果将这些安全性较好的多媒体流量单独进行处理，入侵检测系统的性能也可以得到进一步优化。

基于此，本书通过深度学习技术，分别从任务调度、任务卸载和多媒体流量识别检测三个视角出发，探索在边缘计算这种资源受限的环境下开展轻量级入侵检测的有效方案，实现低负载、低延迟、低能耗、低丢包率等指标的优化。本书的研究成果可为边缘计算环境下网络安全产品的研发提供理论和技术支持，具有重要的研究意义。

1.4 车联网安全

车联网是边缘计算的一个非常典型的应用场景。随着移动互联网和工业智能化的快速发展，汽车产业不断向智能化和网联化快速转变。智能网联汽车通过搭载先进的车载传感器与智能控制系统，并与现代移动通信技术相结合，实现了车与人、车与车、车与路、车与云服务平台之间的信息交换与共享，为人们的交通出行带来了极大的便利。然而，随着车联网的快速发展，其存在的安全问题日益突出，安全事故不断涌现。

2015 年，360 网络攻防实验室利用数字射频处理技术，通过伪造钥匙发出的原始射频信号控制发动机电子控制单元(Electronic Control Unit，ECU)，成功入侵特斯拉，实现了无需钥匙即可开启车辆的便捷操作。同年，英国安全研究专家利用 Linux 系统漏洞对某款车型发起攻击，成功获取了车辆的控制权。2016 年，百度成功破解 T-Box(Telematics Box)，篡改了协议传输数据，从而修改用户指令或发送伪造命令到控制器局域网(Controller Area Network，CAN)总线中，实现了对车辆的本地控制和远程操作控制。2017 年，腾讯科恩实验室再次成功对特斯拉发起无物理接触的远程攻击，实现了对特斯拉多个 ECU 的远程协同操控，最终入侵特斯拉车内网络，实现了任意远程操控。2018 年，英国的一个盗贼仅使用平板电脑就捕捉了特斯拉密匙的被动无线信号，在不到两秒钟的时间内使用信号中隐含的密码打开汽车，并成功盗走汽车。由此可见，车联网安全问题已频繁出现，尤其是随着智能驾驶和辅助驾驶的推广应用，安全问题如果得不到解决，将危害用户的人身安全。

目前车联网中主要的安全威胁来自以下三个层面：

（1）V2X（Vehicle to Everything，包括车车相联、车路相联、车人相联等）的网络通信层安全。攻击者可通过多样的无线网络通信手段篡改或伪造攻击信号，并向汽车注入攻击指令从而达到影响车辆正常状态或者直接控制车辆的目的。另外，多种类型的终端设备也成为攻击者入侵车联网体系的入口，如云服务平台、汽车远程服务提供商、移动终端APP等。

（2）智能网联汽车本身的平台安全。一方面，由于CAN总线的高速且不加密、不认证特性，其通信矩阵容易被攻击者破解，因此攻击者可以轻易伪造CAN总线报文，从而影响车辆状态，造成安全事故或车主的经济损失；另一方面，智能网联汽车中含有多种类型的传感器ECU，其中保存了车辆或车主的多种敏感数据，此类数据容易被攻击者非法收集，导致用户的隐私泄露。

（3）车联网组件安全。车联网架构中包含了大量的系统组件，如各种功能ECU，攻击者能够通过这些组件的系统漏洞发起攻击或在此类组件的固件升级过程中植入恶意代码。

目前，国内以比亚迪、上汽等为代表的整车厂商已开始进行车联网网络安全的工作部署，在网络安全技术研发方面，企业内部初步形成了跨部门的合作机制，尝试用以安全为基准的全新生产线逐步替代传统的生产线，不断加强车联网全生命周期各环节的网络安全管理。以梆梆安全、奇虎360为代表的安全企业除了开始研发汽车总线安全评估工具等软硬件产品外，还尝试提供渗透测试、安全评测服务；比亚迪、蔚来等整车厂商也在探索使用腾讯科恩实验室提供的车联网安全解决方案。但整体来看，整车厂商和安全企业的合作以服务采购和黑盒测试为主，双方深度合作进行安全方案设计和安全方案评估的案例有限。而且，现阶段车辆安全技术仍在过渡中，部分车联网安全技术研发和应用推广还需时日，生产线升级换代和安全产品部署应用需要一定的周期，以ISO 26262-4/SAE J3061等为指导原则的开发流程离落地实施还有一段距离。此外，存量汽车的淘汰周期较长，如何加强存量汽车的网络安全能力目前尚无成熟的解决方案。

随着智能驾驶和辅助驾驶的推广应用，以上车联网安全问题已经受到重视。2022年3月7日，工业和信息化部印发《车联网网络安全和数据安全标准体系建设指南》。指南中提出先初步构建起车联网网络安全和数据安全标准体系；重点研究基础共性、终端与设施网络安全、网联通信安全、数据安全、应用服务安全、安全保障与支撑等标准；完成50项以上急需标准的研制；到2025年时，将形成较为完善的车联网网络安全和数据安全标准体系，完成100项以上标准的研制，提升标准对细分领域的覆盖程度，加强标准服务能力，提高标准应用水平，支撑车联网产业安全健康发展。

1.5 边缘计算安全参考框架

为了应对1.4节提到的边缘安全面临的安全威胁，同时满足相应的安全需求和特征，需要提供相应的安全参考框架和关键技术，且参考框架需要拥有如下能力：

(1) 安全功能适配边缘计算的特定架构，且能够灵活部署与扩展；

(2) 能够容忍一定程度和范围内的功能失效，但基础功能始终保持运行，且整个系统功能能够从失败中快速地完全恢复；

(3) 考虑边缘计算场景的独特性，安全功能可以部署在各类硬件资源受限的IoT设备中；

(4) 在关键的节点设备(如边缘网关)实现网络与域的隔离，对安全攻击和风险范围进行控制，避免攻击由点到面扩展；

(5) 持续的安全检测和响应无缝嵌入到整个边缘计算架构中。

根据上述考量，边缘计算安全框架的设计需要在不同层级提供不同的安全特性，将边缘安全问题分解和细化，直观地体现边缘安全实施路径，便于供应商根据自己的业务类型参考实施，并验证安全框架的适用性。在此基础上提出的边缘计算安全参考框架1.0[4]如图1-3所示。

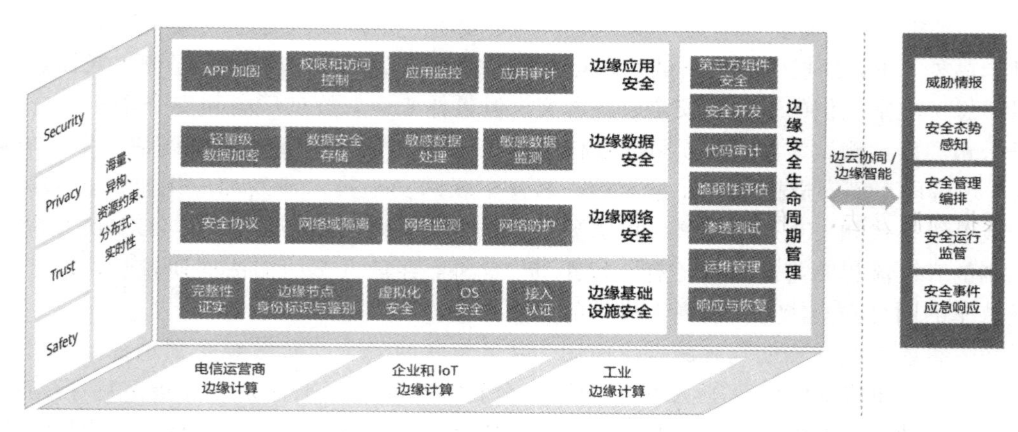

图1-3 边缘计算安全参考框架1.0

边缘计算安全参考框架1.0的主要内容如下：

(1) 边缘计算安全参考框架覆盖了边缘安全类别、典型价值场景、边缘安全防护对象。针对不同层级的安全防护对象，提供相应的安全防护功能，进而保障边缘安全。另外，对于有高安全要求的边缘计算应用，还应考虑如何通过能力开放，将网络的安全能力以安全服务的方式提供给边缘计算APP。

(2) 边缘安全防护对象覆盖了边缘基础设施、边缘网络、边缘数据、边缘应用、边缘安全全生命周期管理以及边云协同安全“5+1”个层次；统筹考虑了信息安全(Security)、功能安全(Safety)、隐私(Privacy)、可信(Trust)四大安全类别以及需求特征；围绕工业边缘计算、企业和IoT边缘计算、电信运营商边缘计算三大典型的价值场景的特殊性，分析其安全需求，支撑典型价值场景下的安全防护能力建设。

(3) 对于具体的边缘计算应用场景的安全性，还需根据应用需求进行深入分析；并非所有场景都涉及上述安全功能模块，结合具体的使用场景，边缘安全的防护功能需求会有所不同，即使是同一种安全防护能力，在与不同场景结合时，其能力与内涵也会不尽相同[4]。

1.6 边缘计算安全研究现状

1.6.1 入侵检测的研究现状

入侵检测系统(IDS)是一种对网络流量传输进行即时监视，在发现可疑传输信息时可发出警报或者采取主动反应措施的网络安全设备。

根据信息来源，入侵检测可分为基于主机的入侵检测和基于网络的入侵检测。基于主机的入侵检测通常是通过主机系统的日志和管理员的设置来检测，基于网络的入侵检测是通过网卡捕获网络数据包，并对数据包进行协议分析后完成入侵特征的检测，从而检测出网络中存在的入侵行为。

根据检测方法，入侵检测又可分为异常入侵检测和误用入侵检测。异常入侵检测是通过将异常活动与异常阈值和特征比较，判断是否存在同正常行为相违背的行为，从而判断是否有入侵行为。误用入侵检测是根据已知入侵攻击的信息(如知识、模式等)来检测系统中的入侵和攻击。误用入侵检测通常依赖于规则库，在规则库中记录了入侵行为的特征。误用入侵检测通过将网络流量信息和规则库中信息进行模式匹配，来发现入侵行为。

在云计算环境中，可以采用入侵检测系统来进行安全防护。随着网络流量和入侵行为复杂性的激增，传统单一主机的入侵检测系统采用的集中检测方式往往会造成检测的实时性和有效性大打折扣，无法应对高效和精准的检测要求。同时，对一些具有相互协作入侵特点的入侵行为，如分布式拒绝服务(Distributed Denial of Service，DDoS)攻击，仅靠单一主机的入侵检测系统难以检测。

分布式入侵检测系统(Distributed Intrusion Detection System，DIDS)由于采用了分布式体系结构，可通过单控制台和多检测器的方式进行入侵检测和安全监测，具有良好的扩展性和灵活的配置性。分布式入侵检测系统的调度器将检测流量根据一定规则分配到多个检测引擎进行检测，提高了检测效率，降低了对单一检测引擎的性能要求，还能防止因为单点故障而造成整体瘫痪。因此，分布式入侵检测系统目前得到了普遍使用。云计算模式下的入侵检测系统依赖高性能的硬件设备进行安全检测，但是在边缘网络，由于单台设备的处理能力受到限制，所以必须在对分布式入侵检测系统进行轻量化改进后才能使用。

由于边缘计算兴起不久，所以目前在边缘计算领域对入侵检测的研究相对有限，其中，部分研究的主要目标在于提高检测的准确性。北京科技大学安星硕等人[5]提出了基于样本选择的极限学习机的入侵检测系统架构，该研究在准确性和时间依赖性方面获得了良好的表现。SUDQI 等人[6]提出了一种基于矢量空间表示和基于多层感知器模型的轻量级入侵检测系统，该系统的 F1 测量精度较对比算法具有一定的优势。SOHAL 等人[7]提出将马尔可夫模型和虚拟蜜罐设备用于 IDS 来识别雾计算(Fog Computing，FC)环境中的恶意边缘设备。YAO 等人[8]提出了一种混合 IDS 体系结构，这种混合结构结合了集中式和分布式两种架构的优点，在下层网络设备和上层网络设备之间分别使用不同的检测方法。ABESHU 等人[9]提出了一种分布式深度学习方案，用于雾到物计算中的网络攻击检测。虽然该方案的深度模型在检测准确性、误报率和可伸缩性方面优于浅层模型，但是基于深度学习的入侵检测算法在提高准确性的同时也常常会导致功耗过高[8]。YIN 等人[10]研究了边缘计算模式下高精度的入侵检测分类模型，该模型基于改进的 K 依赖贝叶斯网络(KDBN)结构模型，可以解决 KDDCup99 数据集中的小类别(如 U2R 和 R2L)的检测精度低和稳定性差的问题。ALMOGREN 等人[11]提出了一种基于深度信任网络(DBN)的高级入侵检测方法，用于检测边缘云平台中的入侵或恶意活动，该方法在准确性上有较好的表现。

1.6.2 任务调度的研究现状

在分布式计算中，任务调度对于分布式系统的性能有很大的影响，所以，分布式系统的调度器要选择合适的任务调度策略。如果调度策略不当，很可能导致分布式系统各部分的负载不均衡，影响系统资源的整体利用。只有采用正确的任务调度策略，才能够充分发挥每个节点的作用，确保使用最少的时间来完成任务。

任务调度器在工作过程中该选择何种任务调度算法，成为分布式计算的一个研究热点。目前常用的基于启发式的任务调度算法有两类：动态和静态。静态启发式算法是在对任务调度之前，所有的调度决策都已经计算得出，而动态启发式的任务调度算法是在任务调度的过程中实时地做出决策的任务调度算法。由于静态启发式任务调度算法对系统整体信息量要求较大，而且对于实时性要求较高的环境，不能动态调整调度策略；动态启发式任务调度算法能够动态调整调度策略，而且对先有信息的要求较低，所以更符合本书涉及的分布式入侵检测系统。

为了有效利用边缘计算环境中资源受限的终端设备，一些文献研究了与边缘计算相关的任务调度和资源分配。为了提高资源分配的效率，解决边缘节点的资源限制问题，HUI等人[12]提出了一种新的基于确定性微分方程模型(DDEM)的资源分配机制，并利用李雅普诺夫稳定性理论验证了模型正解的存在性、唯一性和稳定性。北京科技大学林福宏教授团队[13]提出了一种 SDMMF 分配算法，利用优势资源公平的原则分配所有可用资源，然后使用 max-min 公平分配剩余资源。ARIAN 等人[14]提出了一种加权任务调用方法，通过为 DIDS 的每个传感器分配特定的权重，在传感器之间提供适当的流量分配。

另一些研究侧重于负载平衡（Load Balance，LB)。例如，WU 等人[15]提出了一种基于无损分区和均衡分配的大数据分布式入侵检测模型，并通过基于容量和工作负载的数据分配策略实现本地负载均衡。PUTHAL 等人[16]提出了一种新的负载均衡技术来验证边缘数据中心(Edge Data Center，EDC)，并使用负载较小的边缘数据中心进行任务分配。TAEJIN 等人[17]提出了一种基于集群的流分组方案，可以在 IDS 上实现更好的负载平衡。武汉理工大学的李春林教授团队[18]提出了一种由 Tchebycheff 分解的多目标进化算法，以实现能效、延迟和带宽之间的权衡。

还有一些研究侧重于能源和效率之间的平衡。例如，DIDDIGI 等人[19]使用强化学习来解决能量预算约束下的 IDS 状态空间和动作空间爆炸问题。KAUR 等人[20]提出了一种多目标进化算法，使用 Tchebycheff 分解来处理边缘计算环境中的大数据流，以实现能效、延迟和带宽之间的平衡。PHITHI 等人[21]提出了一种新的学习动态确定性有限自动机和粒子群优化(Particle Swarm Optimization，PSO)算法，用于无线传感器网络中的安全和节能路由并消除入侵者。为了降低能耗并保证 IDS 的效率，HAN 等人[22]提出了一种基于博弈论和自回归模型的入侵检测模型，以获得平衡系统检测效率和能耗的最优防御策略。COLOM 等人[23]提出了分布式入侵检测系统在异构网络架构上的调度框架，以最小化公共计算的成本。

1.6.3 任务卸载的研究现状

随着科技的快速发展，网络边缘设备数量急剧增长，由于自身资源及计算性能有限，边缘设备在处理计算密集型和时间敏感型应用时可能面临着能力不足的情况。在边缘计算中，可以使用边缘服务器协助设备处理分析数据，而边缘设备如何将所承担的任务卸载到边缘服务器上，进行高效合理的卸载决策，已经成为目前边缘计算问题的主要研究方向——任务卸载。任务卸载又称计算卸载，任务卸载解决了边缘设备在资源存储、计算性能以及能效等方面存在的不足。

任务卸载的过程大致分为以下 6 个步骤：

(1) 节点发现：寻找可用的边缘计算节点，用于后续对卸载程序进行计算。这些节点可以是位于远程云计算中心的高性能服务器，也可以是位于网络边缘侧的服务器。

(2) 程序分割：将需要进行处理的任务程序进行分割，在分割过程中尽量保持分割后的各部分程序的功能完整性，便于后续进行卸载。

(3) 卸载决策：这是计算卸载中最为核心的一个环节。该环节主要解决两大问题，即决定是否将程序进行卸载和卸载程序的哪些部分至边缘计算节点。

卸载策略可分为动态卸载及静态卸载两种。在执行卸载前决定好所需卸载的所有程序块的策略为静态卸载策略；在卸载过程中根据实际影响因素来动态规划卸载程序的策略为动态卸载策略。

(4) 程序传输：当移动终端做出卸载决策以后就可以把划分好的计算程序交到边缘服务器执行。程序传输有多种方式，可以通过3G/4G/5G网络进行传输，也可以通过WiFi进行传输。程序传输的目的是将卸载的计算程序传输至边缘计算节点。

(5) 执行计算：边缘计算节点对卸载到服务器的程序进行计算。

(6) 计算结果回传：将经边缘计算节点计算处理后的结果传回边缘设备终端。

任务卸载中关键的步骤是卸载决策，也就是决定从移动终端如何卸载、卸载多少以及卸载什么的问题。目前，任务卸载的主要研究目标包括降低时延、降低能耗以及权衡时延与能耗等方面。研究人员在不同的边缘计算场景下开展了相应的研究。例如，YU等人[24]提出了一个无人机的移动边缘计算(Mobile Edge Computing，MEC)系统，并在该系统上，通过联合优化无人机位置、通信和计算资源分配以及任务分割决策，使所有物联网设备的服务延迟和无人机能耗的加权和最小化。AAZAM等人[25]提出将边缘计算的任务卸载用于智能医疗保健领域，他们使用K-近邻(K-Nearest Neighbors，KNN)、朴素贝叶斯(Naive Bayes，NB)和支持向量机(Support Vector Machine，SVM)等算法把可穿戴设备或者健康传感器中的计算任务卸载到边缘节点来解决。车辆边缘计算(Vehicular Edge Computing，VEC)是移动边缘计算的一个常见的应用，电子科技大学的詹文瀚等人[26]研究了典型VEC场景中的一个重要的计算卸载调度问题。他们通过在任务延迟和能量消耗之间进行折中来调度其等待在队列中的任务，以最小化长期成本。

在任务卸载的研究方法中，学者们使用了不同的算法。例如，为了减少所有移动设备的整体延迟，重庆大学的张妮等人[27]研究了协作任务卸载和数据缓存模型。此外，他们提出了一种高效的李雅普诺夫在线算法，可以为计算任务或数据内容执行联合任务卸载和动态数据缓存策略。上海交通大学的ZHANG等人[28]研究了启用MEC的密集云无线接入网络中的任务卸载和资源分配问题，旨在优化能源效率和服务延迟。他们提出了一种随机混合整数非线性规划方法来联合优化任务卸载决策、弹性计算资源调度和无线电资源分配。为了追求某些指标的优化，凸优化是一种常用的方法。例如，广东工业大学的王峰团队[29]提出了一种单用户无线MEC系统，该系统使用阶梯式任务分配进行本地计算和卸载，并使用凸优化技术获得能量最小化的最优解。为了解决移动设备总等待时间最小化的问题，

KAI 等人[30]使用逐次凸逼近方法将非凸优化问题转化为凸优化问题。虽然凸优化方法有诸多优势，例如，局部最优解就是全局最优解，很多非凸问题都可以被等价转化为凸优化问题或者被近似为凸优化问题，但是凸优化对有些问题的条件要求相对比较苛刻。

1.6.4 多媒体流量识别的研究现状

随着网络流量的迅速增长，多媒体流量在网络中占据了较大比例。对多媒体网络流量进行识别和实时分类，有助于进行网络管理控制、流量入侵检测以及网络规划建设，同时也是提高多媒体信息服务质量(Quality of Service，QoS)的前提和基础。

目前，对多媒体流量进行识别的方法主要有基于端口的方法、基于深度包检测(Deep Packet Inspection，DPI)的方法和基于机器学习的方法，下面分别详述。

1. 基于端口的流量识别方法

因为部分应用使用固定的端口号，所以基于端口的流量识别作为早期的识别方法，具有技术上容易实现和计算量小的特点，然而随着端口跳变技术和端口伪装技术的出现，该方法已不可靠。

2. 基于深度包检测的流量识别方法

DPI 技术常利用模式匹配算法搜索网络流量载荷中协议的特征值，进而判断其类型，应用层负载特征的提取是确保 DPI 技术识别准确率的关键，而模式匹配算法是确保 DPI 技术性能的关键[31]。然而，通过 DPI 识别流量类型虽然准确性高，但往往因为对数据包整个负载扫描计算量过大而难以满足实时要求。KAOPRAKHON 等人[32]曾在 HTTP 协议上研究了 DPI 和统计行为特征结合的多媒体流量分类，虽然具有一定的精度，但是该研究只限于 HTTP 协议，而且提供的音频和视频的识别关键字过少，只能识别 mpeg 和 x-fly 等少量媒体格式。

3. 基于机器学习的流量识别方法

随着机器学习的兴起，各种利用流量统计特征的基于机器学习的流量分类研究广泛出现。基于机器学习的流量识别技术一般不依赖于应用层负载信息，而是利用流量统计特征建立机器学习分类模型来识别网络流量[31]。流量的统计特征可以从数据包级和数据流级提取，数据包特征主要统计单个流内的数据包大小、数据包到达的间隔时间、数据包比率等，数据流特征主要包括流的源/目的端口号、流大小、流持续时间以及标识位被设置的 TCP 数据包数目等。基于统计方法的计算量相比 DPI 较少，但是需要进行专门的特征设计。

机器学习的算法较多，可分为无监督学习、监督学习和半监督学习三类。无监督学习不依赖任何标签值，通过对数据内在特征的挖掘，找到样本间的关系，比如聚类算法。监督学习利用大量的标注数据来训练模型，模型最终学习到输入和输出标签之间的相关性。半监督学习利用少量有标签的数据和大量无标签的数据来训练网络。

在机器学习领域，对流量分类常用的算法有卷积神经网络(CNN)、朴素贝叶斯和支持向量机(SVM)等。例如，RAN 等人[34]尝试将三维卷积神经网络(CNN)的不同维度用于对时间序列、图片和视频进行分类，取得良好效果。虽然该方案的时间特征可以有效地提高分类精度，但是部分实验中将视频流切成固定长度的段，可能会损坏部分信息。YANG 等人[35]对校园网上收集的 6 种视频流量进行了分类研究，提出对来自不同网站的视频流使用其独特的协议进行识别。虽然该方法在细粒度视频流量分类中有良好表现，但是论文仅对来自中国的 2 个网站的视频进行了研究，普适性不强，而且文中虽然声明使用贝叶斯网络进行分类，但是具体过程并未详述。TANG 等人[36]提出了一种利用分形特征实现细粒度流量分类的方法。这种方法不需要有效载荷特征和统计特征，虽然在细粒度视频分类中具有优势，但是在粗粒度分类中的表现仍有待提高。

通过对多媒体流量进行识别和分类，有利于提高网络的安全性。对已知的流量可以通过安全设备执行过滤或阻止等安全策略，而对多媒体流量尤其是对不同种类的视频流量的识别，有利于了解它们所需的 QoS 和资源要求级别，并为它们进行适当的资源分配。例如，在软件定义网络(SDN)领域，DIORIO 等人[37]提出一种多媒体网关，该网关能够根据服务的类型(如音频、语音、视频或数据)对多个多媒体流量进行识别和分类，并根据特定的流量规则将每个流量转发到目标系统。

1.6.5 隐私保护的研究现状

互联网的飞速发展在提供给人们便利的同时也在不断获取人们的隐私。2018 年披露的有关 Facebook 和剑桥分析公司的隐私丑闻至今令人印象深刻。在这起事件中，有报道称剑桥分析公司未经用户同意就获取了多达 8700 万 Facebook 用户的个人数据，并可能借此干扰政治选举。这起事件引发了全球范围内对用户数据隐私和社交媒体公司数据管理实践的广泛关注和批评。由此可见，隐私信息的泄露和滥用可能造成极其重大且恶劣的影响。为了保障用户的隐私权益，同时也避免由隐私泄露而引起的严重后果，隐私保护技术的发展备受瞩目。

作为隐私保护技术之一的差分隐私的定义最早由 CYNTHIA DWORK 等人在 2006 年正式提出。在这之后，基于各类场景中对数据隐私保护的需求，差分隐私也出现了许多变种，如松弛差分隐私、个性化差分隐私、Pufferfish 隐私、瑞丽差分隐私、局部差分隐私等，但是不论有多少变种，它们都遵循差分隐私的定义。作为拥有严谨数学理论支撑的隐私保护技术，差分隐私成为隐私保护技术领域的一条重要分支，并随着该项技术理论的不断发展，其实际应用也变得愈加广泛。早在 2014 年，Google 公司就提出了随机化可聚合的隐私保护在线响应(RAPPOR)技术，该技术基于随机响应机制的本地差分隐私，已经部署于

Chrome Web 浏览器，用于识别恶意软件和改善搜索引擎的功能，同时保护用户的个人信息。苹果在 2016 年的 WWDC 大会上也提到了差分隐私技术，他们使用这项技术来收集和分析用户数据，利用差分隐私对扰动过的用户数据可以计算出用户群体的行为模式，但无法通过解析来获取用户的个体数据。此外，微软在 2019 年携手哈佛大学合作研发了 OpenDP 平台，用于提供可信赖的、开源的差分隐私算法和敏感数据的统计分析。

这些例子均显示了差分隐私如何在现实世界的大型技术环境中提供隐私保护，并且已经成为实现数据“可用不可见”的重要工具。下面将围绕着差分隐私的概念和定义、主要的几种实现机制以及差分隐私的应用场景和未来趋势展开描述。

差分隐私的定义来源于密码学的安全语义，虽然它与密码学都秉承了保护信息的基本原则，但它并不涉及传统意义的“加密”。例如，当有两条信息同时出现，其中一条信息进行了“加密”处理，另一条信息没有经过任何处理，若无法分辨出这两条信息何为明文何为密文，那么就说明这样的“保密措施”是有效的。差分隐私确保了对于任意两个在单个数据项上有所不同的相邻数据集，外部观察者无法通过差分隐私机制的输出来确定这两个数据集中哪些具体的数据项存在差异。这样一来，数据集中个体数据的存在性以及它们的具体值均保持了隐私性。通过这种方法，即使在数据分析过程中提供了有用的统计信息，个体隐私也得到了有效保护。

在介绍了差分隐私的核心思想后，接下来介绍差分隐私的具体定义。

定义 1. 相邻数据集　给定数据集 D，若存在一个数据点 x，使得数据集 D' 可以通过在 D 的基础上添加或移除数据点 x 得到，则称数据集 D 和 D' 是两个相邻数据集，即 $|D \oplus D'|=1$。

定义 2. ϵ-差分隐私　给定一个随机算法 A，对于任意满足定义 1 的两个相邻数据集 D 和 D' 以及随机算法 A 的输出集合 O 的任意子集，若满足：

$$\frac{\Pr[A(D)\in O]}{\Pr[A(D')\in O]} \leqslant e^{\epsilon} \tag{1-1}$$

则称随机算法 A 满足 ϵ-差分隐私。

式(1-1)定义的差分隐私是严格差分隐私，松弛差分隐私引入了参数 δ 来允许算法有 δ 的概率可以超出 ϵ-差分隐私，松弛差分隐私（(ϵ, δ)-差分隐私）的形式由定义 3 给出。

定义 3. (ϵ, δ)-差分隐私　给定一个随机算法 A，对于任意满足定义 1 的两个相邻数据集 D 和 D' 以及随机算法 A 的输出集合 O 的任意子集，若满足：

$$\frac{\Pr[A(D)\in O]}{\Pr[A(D')\in O]} \leqslant e^{\epsilon}+\delta \tag{1-2}$$

则称随机算法 A 满足 (ϵ, δ)-差分隐私。

定义 4. 全局敏感度　对于满足定义 1 的所有可能的相邻数据集 D 和 D'，全局敏感度为查询函数 f 分别对相邻数据集 D 和 D' 的输出的最大差异：

$$\Delta f = \max_{D, D'} \| f(D) - f(D') \| \tag{1-3}$$

其中，$\|\cdot\|$通常表示适当的范数。

定义5. 局部敏感度 对于一个给定的数据集D，局部敏感度为查询函数f在数据集D上的敏感度：

$$\Delta f = \max_{D'} \| f(D) - f(D') \| \tag{1-4}$$

定义6. 并行组合性 对于一系列的随机化算法$A_1(D_1)$，$A_2(D_2)$，…，$A_k(D_k)$，其中，每个算法A_i提供ϵ_i-差分隐私，并且每个算法作用在不相交的数据集D_1，D_2，…，D_k上。那么，这些算法的组合$(A_1(D_1), A_2(D_2), \cdots, A_k(D_k))$提供$\max(\epsilon_1, \epsilon_2, \cdots, \epsilon_k)$-差分隐私。

差分隐私有几种主要的实现机制，分别是随机响应机制(Randomized Response Mechanism)、拉普拉斯机制(Laplace Mechanism)、高斯机制(Gaussian Mechanism)和指数机制(Exponential Mechanism)。下文分别介绍这四种主要机制的概念和应用。

(1) 随机响应机制：最早的隐私保护数据收集技术之一，该机制最初的设计是用于调查敏感问题，如个人行为或偏好，以提高参与者的诚实回答概率。随机响应机制通常以一定的概率替换答案，允许参与者隐去真实答案，同时仍能产生有用的统计数据。该机制适用于需要保护个体隐私而又想收集真实数据的场景，但其通常只适用于简单的是/否问题的作答，参与者按照一定概率随机选择是否诚实回答或随机回答。

(2) 拉普拉斯机制：通过添加符合拉普拉斯分布的随机噪声到查询结果中来提供ϵ-差分隐私，这种噪声的量与查询的全局敏感度成正比。拉普拉斯机制适用于查询结果为数值型数据的情况，如计数、平均值等。该机制广泛应用于数据库查询，可以保证查询结果在加入噪声后仍保持一定的准确性。

(3) 高斯机制：类似于拉普拉斯机制，但是这里的噪声是从高斯(正态)分布中抽取的。适用于(ϵ, δ)-差分隐私，也与查询的敏感度相关。高斯机制与拉普拉斯机制类似，适用于数值型查询。但在某些情况下，由于其尾部概率分布的性质，它可以在保持相同隐私水平的同时提供更好的准确性，特别是在复合查询中。在实际应用中，除了需要知道查询的全局敏感度外，在实现(ϵ, δ)-差分隐私时，需要仔细选择高斯噪声的参数来满足隐私需求。

(4) 指数机制：用于选择性输出的情境，通过为每个可能的输出分配一个权重(通常与其“效用”成比例)，然后按这些权重的指数概率分布来随机选取输出。指数机制常用于选择性问题，如选择最热门的查询或最符合数据的模型，适合于输出空间是离散的并且可能很大的情况。该机制在应用时，需要定义一个效用函数，该函数衡量每个可能输出的质量，输出的选择概率与其效用成指数关系，效用高的输出被选中的概率也高。

随着MEC的普及和应用，任务卸载过程中的隐私安全问题正逐步受到学者们的重视。近年来，越来越多的工作者已不局限于单纯的计算卸载研究，而是转向带有隐私保障的安全卸载。

JAN等人[38]为智慧城市应用程序提出了一个端到端加密框架SmartEdge，在这种框架下，在资源受限的智能设备上执行轻量级加密技术，在网络边缘和云数据中心执行相对复杂的加密技术，以此降低整个网络的资源利用率。为了解决 IoT 中的可扩展性和信任问题，MANZOOR 等人[39]使用了代理重加密方案，以安全、匿名地共享物联网数据。针对同态加密为客户机带来的成本，文献[40]设计了一种不透明计算卸载(CHOCO)的客户端辅助同态加密，该系统通过最小化 HE 参数和旋转冗余算法来减小密文大小，减少通信和计算成本，并通过实验验证了 CHOCO 在资源受限客户端上的可行性。针对 MEC 系统中的联合负载平衡、计算卸载和传输过程的脆弱性，ZHANG 等人[41]除了提出一种负载均衡算法外，还提出了一种新的高级加密标准，即 AES 加密技术，并通过实验验证了模型在安全和能效上的有效性。在隐私保护的任务卸载研究中，HE 等人[42]注意到建立在信息理论方法上的物理层安全方法比密码学提供了更强的隐私概念，为了抵御 MEC 中的窃听，并考虑到物理层安全技术对卸载决定的影响，考虑到 MEC 系统常常利用中继辅助传输扩大通信范围，因此中继设备受到攻击时容易造成隐私泄露，对此，ZHAO 等人[43]采用目的地辅助干扰的方法来保护卸载过程中的数据隐私，并进一步提出了多目标迭代算法(MOIA)求解在时延和能效约束下的用户安全能效最大化问题。QIU 等人[44]为了应对卸载信息所面临的窃听威胁，并考虑到以往假设的完美信道状态信息并非适用于实际动态车辆网络，因而提出了一种基于动态阈值的访问方案，用于 C-V2X 计算卸载网络的安全保障。BAI 等人[45]认为 MEC 系统在安全和隐私问题上具有脆弱性，并且 MEC 系统服务器端风险仍然没有得到充分的研究，为了应对这一风险，BAI 等人提出了一种风险感知计算卸载(RCO)策略，使计算任务即使在服务器端的攻击下也能安全地被分配到边缘站点。由于边缘云到 IoT 设备的距离通常很近，KO 等人[46]注意到频繁的卸载行为可能导致用户位置隐私的泄露，于是他们提出了一种在启用缓存的边缘云环境中保证位置隐私的卸载算法(LPGA)，对通信量、能耗和位置隐私进行联合优化。同样出于对位置隐私的保护，GAO 等人[47]利用基于 DRL 的方法保护用户的位置隐私，他们在文中指出，现实生活中用户的卸载行为具有一定的规律性，而这些规律很容易被对手利用并推测出用户的实时位置。为了对抗这些拥有先验知识的攻击者，他们提出了 PPO2 方法用于处理大规模任务卸载，降低了位置隐私泄露的风险。与利用 AI 算法学习安全的卸载策略不同，LIU 等人[48]选择将用户的私有数据保留在本地，原因是他们认为 MEC 的开放性使许多额外的设备可以访问用户和服务器之间的交互数据，这种情况增加了隐私数据泄露的风险。对此，他们利用联邦学习(Federated Learning，FL)的方法，提出了名为 P2FEC 的分布式隐私保护框架，该框架在避免了集中训练的同时，还能跨越多个终端或边缘设备训练一个统一的预测模型。NGUYEN 等人[49]利用了区块链技术的安全性、透明性和去中心化等特性，提出了一种基于 MEC 的区块链网络，为了在最小化系统卸载效用的同时，最大程度保障用户的隐私，他们首先提出了一种基于强化学习(Reinforcement Learning，RL)的 RLO 卸载方案，但为了适应更大规模的区块链场景，他们又利用 DQN 开发了一种 DRLO 卸载算法，并通过实验验证了该算法的性能。

虽然利用AI算法制定卸载决策已经成为一大研究趋势，并且以不同方式提供了隐私保障，然而，值得注意的是，在这些工作中的资源分配研究使用的基于智能技术的卸载模型通常会大量收集和利用包含用户敏感信息的数据作为训练样本，因此没有任何保护措施的模型和训练数据都可能成为攻击者的攻击目标[50]，从而导致卸载策略等隐私信息的泄露。针对这一情况，本书针对任务卸载过程中的隐私保护展开研究。

本书内容安排

本书共分为十二章。

第一章对边缘计算及车联网安全应用场景面临的安全问题的研究现状进行了介绍。

第二章研究边缘计算环境下基于Q-Learning的分布式入侵检测系统的任务调度问题，提出一种基于Q-Learning算法的低负载分布式入侵检测系统任务调度方案。

第三章研究基于深度强化学习的低负载分布式入侵检测系统任务调度问题，提出基于深度强化学习的低负载分布式入侵检测系统任务调度方案。

第四章研究基于深度Q网络的移动边缘计算环境下协作式入侵检测系统的任务卸载问题，提出一种应用于移动边缘计算的协作式入侵检测系统任务卸载架构和基于深度Q网络的任务卸载调度算法。

第五章研究边缘计算环境下分布式入侵检测系统针对多媒体流量的识别检测方法。

第六章研究基于排队论M/M/n/m模型的自适应多媒体检测优化算法。

第七章研究基于改进选择算子的多线程择危处理方案。

第八章至第十二章针对边缘计算的典型应用场景车联网的安全问题展开了研究。

第八章研究基于胶囊网络的车联网入侵检测模型。

第九章研究了具备隐私保护的车联网任务卸载策略。

第十章研究基于区块链的车联网数据隐私保护问题。

第十一章研究基于联邦强化学习的车联网资源分配方案。

第十二章研究基于异步深度强化学习的车联网资源分配方案。

第二章　基于 Q-Learning 算法的低负载 DIDS 任务调度方案

为了使分布式入侵检测系统能够在低负载环境下检测数据，本章通过对分布式入侵检测系统(DIDS)的各检测引擎的处理性能和不同数据包所产生的负载进行科学评估，提出边缘计算环境下基于 Q-Learning 算法的低负载 DIDS 任务调度算法，该算法能够使分布式入侵检测系统的整体负载保持在较低水平，同时在低负载和丢包率这两个矛盾的指标之间保持平衡。

2.1　引　言

云计算模式下的入侵检测系统可以依赖高性能的硬件设备进行安全检测，但是由于边缘网络设备的处理能力受到限制，所以必须要对分布式入侵检测系统进行轻量化改进后才能使用。本章通过研究，发现在改进过程中存在以下挑战：

(1) 分布式入侵检测系统由任务调度器和多个检测引擎组成，这些运行在网络边缘的检测引擎的处理性能很可能不一致，需要对各检测引擎的负载能力进行客观评估，才能进行后续的科学决策；

(2) 在掌握各个检测引擎性能后，如何使调度器进行科学决策，向各引擎合理分配检测任务，使整个系统的负载处于较低状态；

(3) 低负载和丢包率是一对相互矛盾的指标，如何在这两个指标中寻求平衡，使 DIDS 既运行在低负载环境下，又能将丢包率保持在可接受的范围内。

基于此，本章通过对马尔可夫决策过程进行建模，使用强化学习中 Q-Learning 算法展开研究。

强化学习是机器学习的一个重要领域，用于描述和解决代理与环境交互过程中通过学习策略实现收益最大化的问题。由于网络环境充满随机性，调度器很难采用固定的调度策略来达到某个指标的最优。将强化学习与调度结合后，调度器就可以从网络环境中学习。在网络环境给予的奖惩的刺激下，调度器逐渐形成对刺激的预期，产生能够获得最大利益的习惯性行为。

在使用强化学习进行调度的各种研究中，一些研究旨在减少调度过程的响应时间。例如，在分布式计算中，考虑到网络任务到达和执行过程的随机性，湖南大学童钊团队[51]使用马尔可夫决策过程(Markov Decision Processes，MDP)对动态调度进行建模。在随后的研究中[52]，他们提出了用于云计算的 QL-HEFT 任务调度算法，以减少调度的响应时间。MOSTAFAVI 等人[53]提出了一种在云环境中执行预测性任务调度的解决方案，可以缩短系统的响应时间。深圳大学李乐乐团队[54]将 MEC 和 IoT 设备之间的资源管理比作双重拍卖游戏，并使用强化学习来解决资源管理问题。

另一些研究的目的是降低设备的能耗或保持性能和功耗之间的平衡。例如，合肥工业大学 WEI 等人[55]提出了一种基于改进支持向量机的无线传感器网络任务调度 Q-Learning 算法，以优化网络的应用性能和能耗。澳大利亚 James Cook 大学 LEI 等人[56]在 NB-IoT 边缘计算系统中提出了一种联合计算卸载和多用户调度算法，该算法可在随机流量下实现延迟与功耗的长期平均加权和的最小化。CHOWDHURY 等人[57]研究了具有不同资源需求的动态用户请求的调度和资源分配问题。他们的目标是通过强化学习生成优化策略以最小化整体能耗。为了减少无线传感器网络的网络延迟，提高网络寿命，SINDE 等人[58]提出了一种在无线传感器网络中使用强化学习算法的节能调度方案。

上述研究虽然都是通过强化学习进行调度，但与本章不同的是，它们的优化目标主要是调度的响应时间和系统的能耗，没有考虑如何保持系统的低负载来适应边缘计算这样的低负载环境。本章提出的基于 Q-Learning 的强化学习调度方法，不仅可以将系统的整体负载保持在较低水平，还可以在低负载和低丢包率之间保持平衡，避免因负载过低导致丢包率的增加。

本章的主要贡献如下：

(1) 提出了一种基于 Q-Learning 算法的任务调度方法。该方法以低负载为优化目标，通过值函数确定保持 DIDS 低负载状态的最优策略，使调度器根据该策略在不同性能的检测引擎和不同长度的数据包之间进行合理的调度；

(2) 为了避免过低负载可能导致丢包率增加的问题，建立了一个调整机制，让调度器可以根据丢包率的变化调整不同效率的检测引擎被分配任务的概率，从而在两个相互矛盾的指标之间达到平衡；

(3) 针对检测引擎的处理性能和数据包产生的负载提出了一种科学的评估方法。

2.2 系统建模

2.2.1 问题描述

本章设计的边缘计算环境下的 DIDS 中有多个不同性能级别的检测引擎，调度器可以将随机到达的不同负载级别的数据包分配给不同检测引擎进行检测。下面结合图 2-1 来描述模型的工作流程。

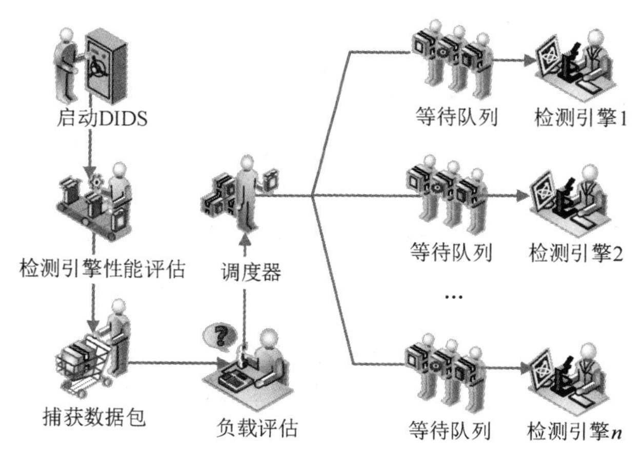

图 2-1　模型的工作流程

(1) 在 DIDS 启动后，首先对检测引擎进行性能评估，确定每个检测引擎的性能等级；

(2) 当一个数据包到来时，调度器首先捕获数据包并获取数据包长度，对其进行负载评估，确定负载等级；

(3) 调度器进行决策，决定分配哪个性能等级的检测引擎去检测这一数据包。

(4) 当一个检测引擎完成检测后，如果调度器没有再分配别的检测任务，它将暂时空闲；

(5) 当一个检测引擎还被分配有其他检测任务时，它将马上去完成调度器指派的检测任务；

(6) 当一个检测请求到来时，如果 DIDS 中没有空闲的检测引擎，调度器将记录这一检测请求并放入等待队列，一旦队列满额，这个新到的数据包将不得不被放弃检测。当 DIDS 中有空闲的检测引擎时，调度器不会将数据包放入等待队列。

由于新到达系统的数据包对系统造成的负载是不确定的，而且每个检测引擎的等待检测的队列长度是有限的，所以对于一个检测引擎数量固定的 DIDS，需要做出最优决策，将 PLR 保持在可接受的水平的同时，最大限度地减少总体负载。

2.2.2 检测引擎的性能评估和数据包的负载评估

为了客观地评估各个检测引擎的性能，需要预先对检测引擎用相同流量进行测试，收集其对测试流量的检测时间(detection time，dt)和内存占用(memory usage，mu)信息，并将两者的比值作为检测引擎的性能等级 d，即

$$d=\frac{1}{\mathrm{dt}\times \mathrm{mu}} \tag{2-1}$$

在对所有检测引擎测试后，根据性能高低将其分成不同等级 $d(d=1, 2, \cdots, D)$，d 值相差在10%以内的可归为同一等级。

虽然在文献[59]中提出了结合CPU、磁盘、内存和带宽等相关参数来计算检测引擎性能，但计算机中的这些设备并没有将全部资源用于DIDS，因此，计算结果只是与检测引擎性能呈正相关，不能作为准确的测量方法。本文提出的评价方法是通过对实际流量的测试计算得到的，更加严谨合理。文献[60]表明，DIDS在模式匹配过程花费了高达70%的执行时间，因此流量的负载评估主要取决于它所花费的模式匹配时间，而模式匹配时间与其检测到的字符串的长度成正比，因此字符串的长度可以作为数据包产生的负载的度量。对于DIDS捕获的数据包，可以通过以下公式获得数据包在预处理阶段产生的负载水平：

$$k=\frac{\mathrm{pl}}{\mathrm{MTU}} \tag{2-2}$$

式中，pl为数据包长度；MTU为以太网最大传输单元(通常为1500 B)；k 为负载等级，并且 $k=1, 2, \cdots, K$。

2.2.3 参数定义

DIDS有 D 个性能等级的检测引擎，待检测的数据包有 K 个负载等级，检测时间服从指数分布，数据包的到达过程可以看作 K 个独立的泊松过程，评判准则采取平均负载准则。如果考虑数据包到达和检测结束的时刻，那么此时的嵌入链是马尔可夫链。参数定义如表2-1所示。

表2-1 参数定义

符号	描　　述
n_d	d 等级的检测引擎总数，$d=1, 2, \cdots, D$
n_{dk}	正在检测 k 等级数据包的 d 等级的检测引擎数，$d=1, 2, \cdots, D$；$k=1, 2, \cdots, K$
n_{d0}	尚未分配使用的 d 等级的检测引擎数量
μ_{dk}	d 等级的检测引擎对 k 等级的数据包的检测率
λ_k	k 等级数据包的到达率，$k=1, 2, \cdots, K$
l_{dk}	k 等级数据包对 d 等级检测引擎造成的平均负载
l_k	检测 k 等级数据包对检测引擎带来的最小负载
b_k	等待检测的 k 等级数据包排队的队列长度
NT	所有检测引擎的总数，$\mathrm{NT}=\sum_{d=1}^{D} n_d$

2.2.4 状态空间

当新的数据包到达时，调度器需要分配一个检测引擎进行检测，这时候，系统的状态发生了变化，所以调度器需要作出决策并执行相应的行为。同理，当检测引擎完成对某个数据包的检测后，该行为也会导致系统状态发生变化——系统当前状态会转移到状态空间中的另一个状态。

设 s 是 DIDS 的工作状态，s 包括了检测引擎分配检测任务和未分配检测任务的状态。当等待队列长度的限制 b 确定后，就可以定义一个包含所有可能状态的集合 X。下面列出了集合 X 中一些典型的可能状态。

（1）系统里如果有空闲的检测引擎，且刚好有一个数据包到达，经过负载评估是第 j 等级数据包，那么 X_1 作为 X 集合中的一个状态，则有

$$X_1 = \left\{ s \,\middle|\, \sum_{d=1}^{D} n_{d0} > 0,\ \sum_{k=1}^{K} b_k = 0;\ j = \overline{1,\ K} \right\} \tag{2-3}$$

（2）系统里没有可用的检测引擎时的所有可能状态 X_2 可以表示为

$$X_2 = \left\{ s \,\middle|\, \sum_{d=1}^{D} n_{d0} = 0,\ 0 < \sum_{k=1}^{K} b_k \leqslant b \right\} \tag{2-4}$$

（3）系统里仍有空闲的检测引擎且无数据包等待检测(此时 $r=0$)的所有可能状态 X_3 可以表示为

$$X_3 = \left\{ s \,\middle|\, \sum_{d=1}^{D} n_{d0} > 0,\ \sum_{k=1}^{K} b_k = 0 \right\} \tag{2-5}$$

（4）系统里只有一个空闲的检测引擎且有等待检测的数据包的所有可能状态(这种情况比较少见)X_4 可以表示为

$$X_4 = \left\{ s \,\middle|\, \sum_{d=0}^{D} n_{d0} = 1,\ \sum_{k=1}^{K} b_k > 0 \right\} \tag{2-6}$$

2.2.5 动作空间

在 2.2.4 列出的几种情况中，对于 X_1 中的状态，调度器需要选择指派哪一等级的检测引擎来处理这个数据包，对于 X_4 中的状态，系统需要考虑目前唯一空闲的检测引擎应该检测队列中哪一等级数据包，对于 X_2 和 X_3 中的状态，系统不需要作出决策。所以，状态集合 X 的动作集合 A 定义为

$$\begin{cases} A(s) = \{d \mid n_{d0} > 0,\ d = 1,\ 2,\ \cdots,\ D\},\ s \in X_1 \\ A(s) = \{0\},\ s \in X_2 \cup X_3 \\ A(s) = \{k \mid b_k > 0,\ k = 1,\ 2,\ \cdots,\ K\},\ s \in X_4 \end{cases} \tag{2-7}$$

动作空间中的0表示不需要作出决策；动作 $k \in A(s)(s \in X_4)$ 表示由系统里唯一空闲的检测引擎去处理一个等待的 k 等级数据包；$d \in A(s)(s \in X_1)$ 表示由 d 等级的检测引擎去检测刚刚到达的数据包。

2.2.6 价值函数和最优策略

设定 l_k 为检测 k 等级数据包对检测引擎带来的最小负载，l_k 依赖于要检测的数据包的负载等级 k；平均负载 l_{dk} 取决于检测引擎的性能等级 d 和数据包的负载等级 k，考虑到检测时间的分布通常是指数分布，那么在状态 s 时采取动作 a 的期望负载为

$$l(s, a) = l_k + \int_0^{\infty} l_{dk} t d(1 - e^{-\mu_{dk} t}) \tag{2-8}$$

如果调度器在某种状态下满足低负载期望，那么它就可以得到奖励。用 r 表示奖励，设 $\gamma \in [0, 1]$ 表示某状态之后的其他状态奖励的衰减系数。自时间 t 以来所有奖励的总和称为增益 G_t，则其可以表示为

$$G_t = r_{t+1} + \gamma r_{t+2} + \cdots = \sum_{p=0}^{\infty} \gamma^p r_{t+p+1} \tag{2-9}$$

设 $v_\pi(s)$ 表示基于策略 π 的状态-价值函数，$v_\pi(s)$ 也是从状态 s 遵循策略 π 获得的增益的期望，可以表示为

$$v_\pi(s) = E_\pi[G_t \mid S_t = s] \tag{2-10}$$

令 $Q_\pi(s, a)$ 表示基于策略 π 的状态-动作价值函数，$Q_\pi(s, a)$ 是对从当前状态 s 开始执行特定动作 a 可以获得的收益的期望，则 $Q_\pi(s, a)$ 可以表示为

$$Q_\pi(s, a) = E_\pi[G_t \mid S_t = s, A_t = a] \tag{2-11}$$

那么，在所有可选的调度策略中，都会有一个最优调度策略，使DIDS产生的负载最小，累积增益 G_t 最大。此时将生成最优状态-动作价值函数 $Q^*(s, a)$，可以表示为

$$Q^*(s, a) = \max_\pi Q_\pi(s, a) \tag{2-12}$$

反之，最优策略 $\pi^*(s, a)$ 可以通过上述公式找到，其定义如下：

$$\pi^*(s, a) = \begin{cases} 1 & a = \operatorname{argmax} Q^*(s, a) \\ 0 & \text{otherwise} \end{cases} \tag{2-13}$$

展开方程(2-12)中的期望可得到

$$Q^*(s, a) = \sum_{s'} P(s' \mid s, a)(r(s, a, s') + \gamma \max_{a'} Q^*(s', a')) \tag{2-14}$$

2.2.7 策略评估与改进

为了找到最优策略，本章使用策略评估来衡量策略的质量，使用策略改进来寻找更好的策略。首先，利用策略评估得到基于策略 π 的状态-价值函数 $v_\pi(s)$；然后，根据策略改进

得到更好的策略 π'，计算 $v_{\pi}(s)$以获得更好的策略 π''，直到满足相关的终止条件。上述策略评估与改进算法的伪代码如表 2－2 所示。

表 2－2　策略评估与改进算法的伪代码

策略评估与改进算法
输入：策略 $\pi(s)$，**状态-价值函数** $v(s)$ **输出：**优化策略 $\pi^*(s)$，优化状态-价值函数 $v^*(s)$ 1 初始化 $\pi(s)$，$v(s)$ 对所有 $s\in S$ 2 **策略评估** 3 **repeat** 4 $\Delta\leftarrow 0$ 5 **for** each $s\in S$ **do** 6 　temp$\leftarrow v(s)$ 7 　$v(s)\leftarrow \sum_{s'} p(s'\|s,\pi(s))[\gamma(s,\pi(s),s')+\gamma v(s')]$ 8 　$\Delta\leftarrow \max(\Delta, \|\text{temp}-v(s)\|)$ 9 **end** 10 **until** $\Delta<\theta$（θ 是一个小的正数） 11 **策略改进** 12 policy-stable$\leftarrow$**true** 13 **for** each $s\in S$ **do** 14 　temp$\leftarrow\pi(s)$ 15 　$\pi(s)\leftarrow \text{argmax}_a \sum_{s'} p(s'\|s,a)[\gamma(s,a,s')+\gamma v(s')]$ 16 　**if** temp$\neq\pi(s)$ **then** 17 　　policy-stable$\leftarrow$false 18 　**end** 19 **end** 20 **if** policy-stable **then** 21 　**stop** and **return** $\pi^*(s)$，$v^*(s)$ 22 **else** 23 　**go to policy evaluation** 24 **end**

2.3　Q-Learning 算法

Q-Learning(QL)算法是一种无模式的强化学习算法。它为调度程序提供了根据历史经验选择最佳动作的学习能力。首先，本章将状态空间中的所有状态和动作空间中的所有对应的动作构造成一个 Q 表来存储 Q 值，即 $Q(s, a)$；然后，根据 Q 值选择获得最大收益的动作。在强化学习的 Sarsa 算法中，选择动作和更新动作值函数的策略是一样的，但 Q-Learning 是一种 off-policy 的时序差分方法。因此，本章将选择动作的策略设置为 ε-greedy，将更新后的策略设置为 greedy。

时序差分(Time Difference，TD)方法结合了蒙特卡罗的采样方法和动态规划方法的 bootstrapping(即用后续状态的值函数来估计当前值函数)，这使得时序差分方法适用于无模型算法，单步更新速度更快。根据时序差分方法，价值函数的计算如下：

$$V(s) \leftarrow V(s) + \alpha(r_{t+1} + \gamma V(s') - V(s)) \tag{2-15}$$

式中，$(r_{t+1}+\gamma V(s'))$是 TD 的目标；$(r_{t+1}+\gamma V(s')-V(s))$是 TD 偏差。

根据以上推导，可以计算出 Q 值，更新后的 Q-Learning 公式为

$$Q(s, a) \leftarrow Q(s, a) + \alpha(r + \gamma \max_{a'} Q(s', a') - Q(s, a)) \tag{2-16}$$

上述基于 Q-Learnig 算法的最小负载调度的伪代码如表 2-3 所示。

表 2-3 基于 Q-Learning 算法的最小负载调度的伪代码

基于 Q-Learning 算法的最小负载调度
输入： 状态空间 S，动作空间 A，折扣率 γ，学习率 α **输出：** 策略 $\pi(s)=\text{argmax}_{a\in A}Q(s, a)$ 1 初始化 $Q(s, a)$ 2 $\forall s$，$\forall a$，$\pi(a\|s)=1/A$ 3 **repeat** 4 　初始化 state s； 5 **repeat** 6 　　使用派生自 $Q(s, a)$的策略从 s 中选择动作 a 操作 7 　　采用动作 a，观察 r，s' 8 　　$Q(s, a)\leftarrow Q(s, a)+\alpha(r+\gamma \max_{a'}Q(s', a')-Q(s, a))$ 9 　　$s\leftarrow s'$ 10 **until** s 终止 11 **until** $\forall s$，a，$Q(s, a)$收敛

2.4 矛盾指标的平衡

虽然前面的状态动作价值力求将 DIDS 的整体负载降到最低，但低负载和低丢包率是两个矛盾的指标，过低的负载会增加丢包率，尤其是在网络流量突然激增的情况下。为了达到平衡这两个指标的目的，首先需要计算平衡所需的相关参数。

2.4.1 相关参数

1. 分配给检测引擎的任务数

调度器分配给 d 等级检测引擎的平均数据包数（Average Number of Packets，ANP）可以通过下式计算：

$$\mathrm{ANP}(d)=\sum_{n=1}^{n_d} n\times\sum_{s\in X_1\cup X_3\cup X_4} Q_\pi^*(s) \tag{2-17}$$

式中，$n=1, 2, \cdots, n_d$；$d=1, 2, \cdots, D$。

2. 检测引擎被分配任务的概率

n 个 d 等级检测引擎被调度器分配检测任务的概率如下：

$$p_\pi(d, n)=\beta\sum_{s\in X_b(d, n)} Q_\pi^*(s) \tag{2-18}$$

式中，

$$X_b(d, n)=\left\{s\in X \mid \sum_{k=1}^{K} n_{dk}=n\right\} \tag{2-19}$$

对于所有 n，$d=1, 2, \cdots, D$，β 是调整丢包率的参数，在后面 2.4.2 节有详细说明。

3. 工作效率

从式(2-17)～式(2-19)可以得出结论，d 等级检测引擎的工作效率可以表示为

$$\eta_\pi(d)=\frac{\mathrm{ANP}(d)}{n_d} \tag{2-20}$$

在掌握了一定级别的检测引擎的工作效率后，调度器可以根据迭代过程中的流量变化来调整决策。

类似地，根据 ANP(d)，可以得到 DIDS 的整体效率为

$$\eta_\pi=\frac{\sum_{d=1}^{D}\mathrm{ANP}(d)}{T} \tag{2-21}$$

式中，T 为 DIDS 的整体处理时间。

2.4.2 两个矛盾指标的平衡

平衡两个矛盾指标需要对不同性能等级的检测引擎的效率进行排序。本章的平衡原则是当丢包率增加时，调度器增加将任务分配给高效检测引擎的概率；相反，当 DIDS 的整体负载较高时，调度器会降低将任务分配给低效检测引擎的概率。

为此，需要添加两个参数，即丢包率(Packet Loss Rate，PLR)的低阈值 T_L 和高阈值 T_H。具体的平衡方法分为以下三种情况：

(1) 当丢包率低于低阈值 T_L 时，式(2-18)中 β 被设定为1。此时调度器按照低负载优先的原则进行任务调度。

(2) 当丢包率超过设定的低阈值 T_L 时，将 β 设定为 $\eta_\pi(d)/\eta_\pi$。这意味着与DIDS的整体工作效率相比，某等级检测引擎的效率越高，被分配检测任务的概率越高；反之，检测引擎的效率越低，被分配检测任务的概率越低。此时，调度器按照低负载和低丢包率兼顾的原则进行任务调度。

(3) 当丢包率继续上升，高于系统整体效率的检测引擎被分配的任务已经使它们达到处理极限(此时的丢包率就是高阈值 T_H)，这时，为了使低效率的检测引擎也分担压力，β 将恢复为1。此时，调度器按照低丢包率的原则进行任务调度。

因此，为了调整低负载和丢包率之间的平衡，检测引擎被分配任务的概率可以总结如下：

$$p_\pi(d,n)=\begin{cases}\sum\limits_{s\in X_b(d,n)} Q_\pi^*(s), & \text{PLR}\leqslant T_L \text{ or } \text{PLR}\geqslant T_H\\ \dfrac{\eta_\pi(d)}{\eta_\pi}\sum\limits_{s\in X_b(d,n)} Q_\pi^*(s), & T_L<\text{PLR}<T_H\end{cases} \tag{2-22}$$

2.5 实验与结果分析

实验过程是在EdgeCloudSim仿真环境下在DIDS上测试本章所提出方案的各项指标的。在测试过程中，将本章提出的算法与DDEM[5]、SDMMF[13]和LB[14]3种算法进行比较。测试的目的是验证以下问题：

(1) 与其他方式相比，本章所提方案能否有效降低DIDS的整体负载？

(2) 本章所提出的方案会增加丢包率吗？

(3) 调度器如何为不同性能的检测引擎分配任务？

(4) 本章所提出的方案是否会提高恶意特征的检测率？

2.5.1 实验环境

本章基于图2-1所示的DIDS模型在EdgeCloudSim上构建了一个仿真实验系统。EdgeCloudSim是Cagatay Sonmez团队在CloudSim研究基础上提出的专用于边缘计算的仿真工具。在EdgeCloudSim中，有五个基本模块[61]，分别是核心仿真模块、联网模块、边缘协调模块、负载生成模块和移动模块。

在本实验中，经过配置，每个模块的作用如表 2－4 所示。

表 2－4　EdgeCloudSim 中各模块的作用

模　块	作　　用
核心仿真模块	负责模拟运行边缘计算环境
联网模块	负责连接各检测引擎和规则库，并处理传输队列
边缘协调模块	包括调度器和数据包负载评估模块
负载生成模块	负责发送测试数据集

为了模拟边缘网络的低速环境和网络核心附近的中高速环境，在测试过程中为测试流量设置了不同的发送速度。

2.5.2 测试数据集

本章采用的测试数据集有两种，分别是 NSL-KDD 数据集和 WSN-DS 数据集。

1. NSL-KDD 数据集

NSL-KDD 数据集是在著名的 KDD99 数据集上删除了大量冗余数据后的改进版，所以该数据集比 KDD99 记录数目更少，可降低测试开销。NSL-KDD 数据集中的每个样本由 41 维特征和一维标签组成。数据集中攻击行为有四类，分别是 Probe、DoS、R2L 和 U2R。在边缘计算环境下，靠近 WSN 终端的一些攻击类型都可以在 NSL-KDD 数据集中体现。此外，该数据集的攻击特征类型和数量如表 2－5 所示。

表 2－5　NSL-KDD 数据集的攻击特征类型和数量

数据集	类　　型					
	DoS	Probe	R2L	U2R	正常流量	总数
KDDTrain＋	45926	11655	995	52	67345	125973
KDDTrain_20％	9234	2289	209	11	13449	25192
KDDTest＋	7458	2421	2754	200	9711	22544

2. WSN-DS 数据集

WSN-DS 数据集由 NS-2 模拟器仿真 WSN 环境生成，数据集中一共有 374 661 条流量数据，每条数据具有 23 个特征。WSN-DS 数据集有四种攻击类型，即灰洞、黑洞、调度攻击、泛洪，可专用于边缘计算终端环境下的 IDS 研究。此外，该数据集的攻击特征类型和数量如表 2－6 所示。

表 2-6　WSN-DS 数据集的攻击特征类型和数量

数据集	类　　型					
	灰洞	黑洞	调度攻击	泛洪	正常流量	总数
测试集 40%	402	583	132	266	13603	14986
训练集 60%	603	876	199	398	20404	22480

2.5.3 评价指标与结果分析

1. 系统负载

系统负载是通过对不同状态下各检测引擎的平均负载进行累加得出的。为了模拟边缘网络的低速环境和靠近网络核心位置的中、高速环境，对测试流量采取了不同的发送速度。系统负载测试结果如图 2-2 所示。

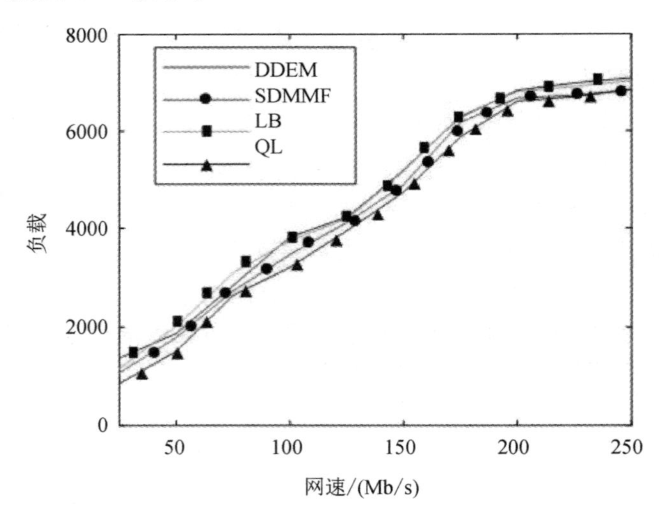

图 2-2　系统负载测试结果

从图 2-2 中可以看出，本章所提出的基于 Q-Learning(QL)的方案在边缘网络的低速流量中具有明显的低负载优势。当网速低于 100 Mb/s 时，与 DDEM[14]、SDMMF[15]和负载平衡(Lood Balance，LB)[17]相比，基于 QL 的方案可以实现系统负载分别降低 28.3%、19.4%和 23.7%。只有在高速流量时，调度器才会逐渐向低丢包的原则倾斜，所以此时低负载优势逐渐消失。此时的系统负载接近 SDMMF 算法的结果，同样强调轻量级任务调度。另外，从图 2-2 还可以看出，随着网络速度的增加，由于丢包率的增加，DIDS 逐渐接近性

能极限，因此各种算法的负载增加逐渐放缓。

2. 内存占用率

2.4 节中提出了一种低负载和低丢包率的平衡方法。依据该方法，本章调度方案在不同的网络速度下有不同的处理倾向。在实验中，首先对不同性能的检测引擎依据式(2-20)计算出它们的工作效率，将它们分为 5 个不同的性能等级。在具体等级划分过程中，本章所提方案采用的是组距分组方法。根据组距分组方法"一组数据所分的组数应不少于 5 组"的原则将检测引擎划分成 5 个性能等级，通过工作效率数据的上限与下限的差确定组距，最后整理成频数分布表来将所有检测引擎分组。同时将低阈值 T_L 设置为对丢包率宽容度较大的 20%。当丢包率低于 20%时，调度器按照低负载优先的原则进行任务调度；当丢包率高于 20%时，调度器按照低负载和低丢包率兼顾的原则进行任务调度；当丢包率继续上升并接近检测引擎的处理极限时，调度器恢复为低丢包率原则。

因此，为了测试不同性能等级的检测引擎的内存使用情况，本节在 5 个典型网速下进行测试，网速分别为 25 Mb/s(无丢包)、50 Mb/s(刚发生丢包)、95 Mb/s(丢包率达到 20%)、175 Mb/s 和 250 Mb/s。内存占用率测试结果如图 2-3 所示。

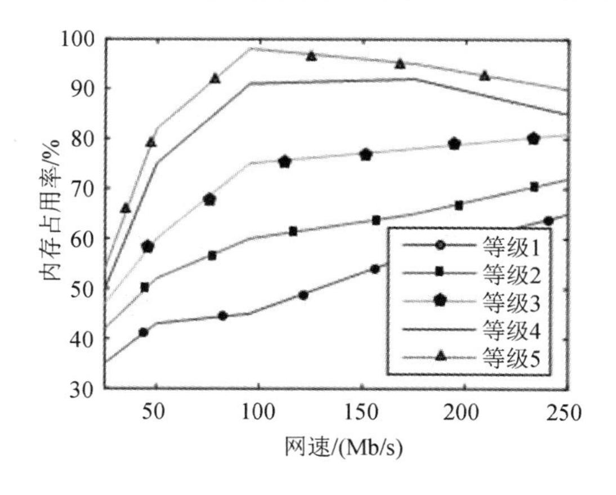

图 2-3　内存占用率测试结果

从图 2-3 可以看出，无论在哪个阶段，根据最优策略，性能等级高的检测引擎的处理效率更高，与性能等级低的检测引擎相比，它被分配的任务更多，占用内存更多。在网速较低时，虽然不同性能级别的检测引擎内存占用存在差异，但与网速较高时相比，这种差异并不大。当网速达到 95 Mb/s 时，由于达到了低阈值 T_L，不同性能等级的检测引擎的内存占用率差异非常明显。当网速不断提高时，高性能检测引擎接近其性能极限，分配给低性能检测引擎的任务比例开始增加，内存使用量增加，它们之间的差异开始缩小。另一方面，也可以看出，在网速非常高的阶段，每个等级检测引擎的内存占用率都比低速阶段有所增加。

为了与其他算法进行对比，下面分别在 25 Mb/s、95 Mb/s、250 Mb/s 三种代表性的网速下测试不同算法的内存占用率，测试结果如图 2-4、图 2-5、图 2-6 所示。

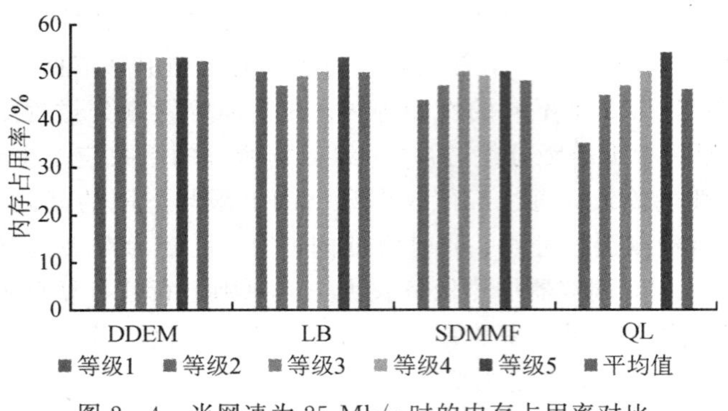

图 2-4　当网速为 25 Mb/s 时的内存占用率对比

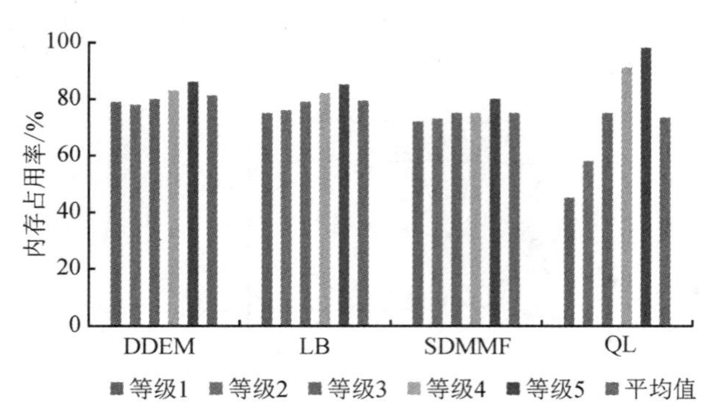

图 2-5　当网速为 95 Mb/s 时的内存占用率对比

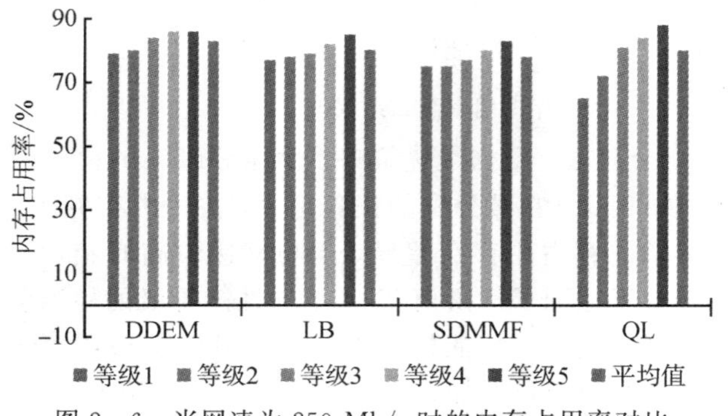

图 2-6　当网速为 250 Mb/s 时的内存占用率对比

从图 2-4、图 2-5 和图 2-6 可以看出，在不同的网速阶段，本章所提出的基于 QL 的

方案与同样强调轻量化的 SDMMF 算法相似，比其他算法具有更小的内存占用率，但是 DDEM 算法由于其时间和空间复杂度较大，占用的内存空间也最大。

通过以上测试，可以证实本章所提出的方案在内存占用方面优于其他算法。

3. 检测引擎被分配的检测任务比例

在仿真环境中，将检测引擎分为 5 个性能等级，分别代表了 5 种从低到高的工作效率。在基于 QL 的方案下进行测试，结果如图 2－7 所示。

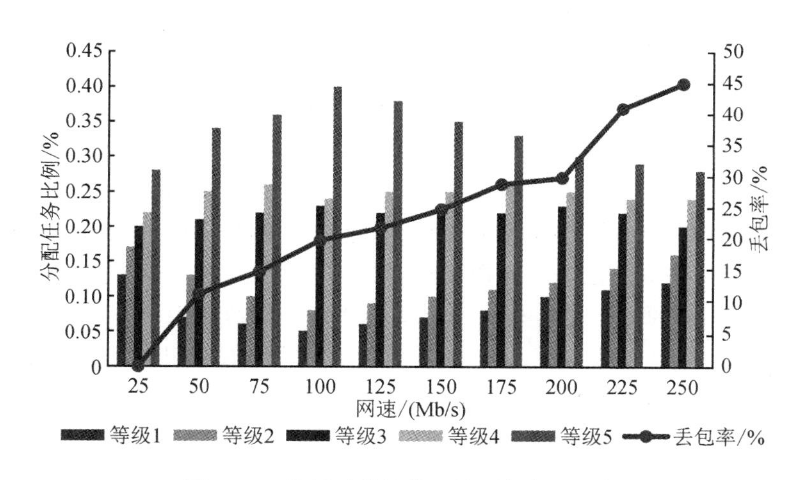

图 2－7　检测引擎被分配检测任务的比例

从图 2－7 中可以看出，当网速较低时，分配给不同性能等级的检测引擎的任务比例不同，其最高值与最低值之差为 14%。随着网速的提高，高性能等级的检测引擎由于处理效率高，分配的任务也更多。当丢包率(PLR)达到设定的 20%的低阈值时，调度器开始切换分配原则，所以这种差异开始增大，高性能检测引擎被分配到更多的任务。此时，分配任务比例的最高值与最低值的差距高达 33%。当网速继续提高并达到高阈值时，高性能检测引擎就达到了极限。这时候，分配给低性能检测引擎的任务比例开始增加，它们之间的差异开始缩小。分配任务比例的最高值和最低值之间的差异在最低处达到 16%。

4. 丢包率

本书实验是为了测试本章所提出的方法与其他比较算法相比是否会增加丢包率。实际丢包率是检测到的数据包数与所有数据包数的比值，可以用未检测到的数据包数除以总数据包数得到。在实验中，两个测试数据集分别由 EdgeCloudSim 的负载生成模块发送到 DIDS，将低阈值 T_L 设置为 20%，即可以容忍 20%的丢包率。丢包率测试结果如图 2－8 所示。

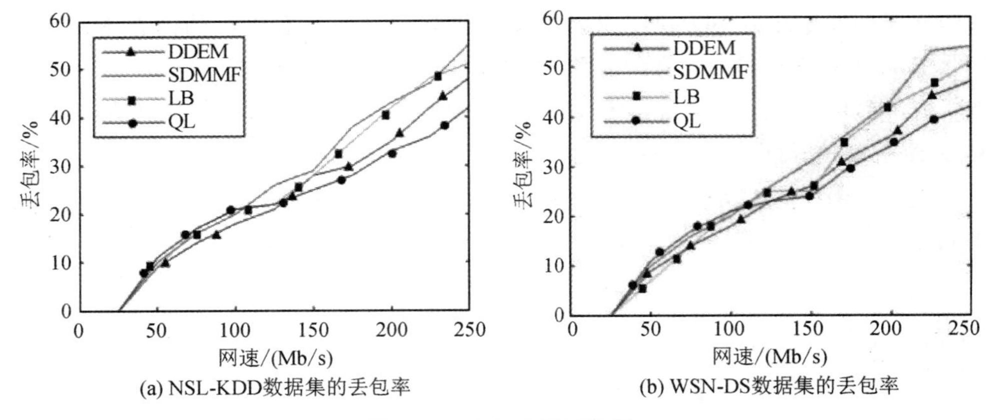

(a) NSL-KDD数据集的丢包率　　(b) WSN-DS数据集的丢包率

图 2-8　丢包率测试结果

从图 2-8 中可以看出，由于基于 QL 的方案侧重于低网速环境下的低负载原则，在丢包率低于 20%的情况下，并没有表现出低丢包率的优势。当丢包率超过 20%时，此时的网速在 95 Mb/s 左右，本章提出的平衡方法开始倾向于低丢包率的原则，所以丢包率开始下降。网速越高，越倾向于低丢包率原则，越具有低丢包率的优势。当网速为 250 Mb/s 时，本章提出的方案的丢包率比 LB 算法低 20%以上，这是因为 LB 算法需要很高的计算能力和内存空间。另一方面，为了降低本章所提出方案在低网速阶段的丢包率，只需将低阈值 T_L 设置的较低即可。

5. 检测率

本章预先计算了每个测试数据集中的恶意特征总数。恶意特征检测率(Detection Rate，DR)是通过检测到的恶意特征的数量除以恶意特征的总数得到的。测试数据集仍然由负载生成模块发送到 DIDS。检测率测试结果如图 2-9 所示。

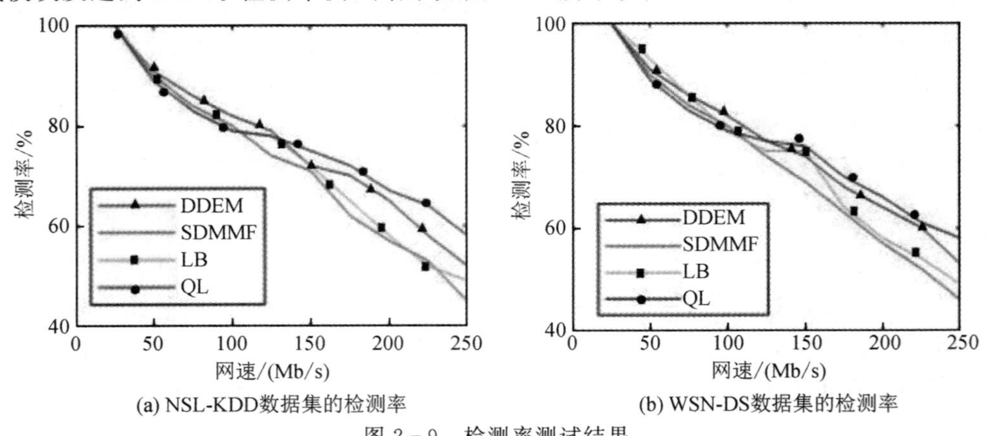

(a) NSL-KDD数据集的检测率　　(b) WSN-DS数据集的检测率

图 2-9　检测率测试结果

从图 2－9 中可以看出，在网速较低时，由于调度器侧重于低负载原则，本章所提出的基于 QL 算法的恶意特征检测率比其他算法低 1.7％～2.5％。当网速超过 100 Mb/s 时，因为达到了低阈值，调度器切换到低丢包率原则。从这时开始，基于 QL 算法的恶意特征检测率相对于其他算法开始上升，最高可以超过 LB 算法的 15.2％。

本 章 小 结

针对边缘环境下设备处理性能受限的问题，本章首先科学评估了各个 DIDS 检测引擎的处理性能和不同数据包产生的负载，然后提出了一种基于 Q-Learning 算法的 DIDS 任务调度方案。这种方案可以使 DIDS 在低负载和低丢包率两个相互矛盾的指标之间保持平衡。最后，本章通过仿真平台对所提出的方案进行了比较和验证。结果表明，与其他调度算法相比，本章所提出的方案具有更好的低负载性能。

由于 Q-Learning 算法的局限性，在实验中发现有时会出现 Q 表过大、更新时间过长等问题。在下一章中会考虑使用深度神经网络模拟 Q 值来解决这个问题，并将深度强化学习方法与边缘计算环境中 DIDS 的任务卸载相结合。

本章的工作验证了强化学习能够很好地解决边缘计算环境下 DIDS 的任务调度问题，为下一章的任务卸载问题的研究提供了一定的理论依据。

第三章　基于深度强化学习的低负载 DIDS 任务调度方案

第二章基于 Q-Learning 算法的方案虽然能够根据历史经验选择最佳动作，但在大流量下有时会出现 Q 表(用来存储 Q 值的表格)过大带来的内存占用较大的问题。针对该问题，本章提出基于深度强化学习的低负载 DIDS 任务调度方案，首先将任务调度过程描述为马尔可夫决策过程，并建立模型的相关空间和价值函数；然后找到保持 DIDS 低负载状态的最优策略；最后针对状态和动作空间过大且高维连续的问题，提出通过深度神经网络进行函数拟合，使相近的状态得到相近的输出动作。该方案可使 DIDS 在保持第二章方案的低负载等优势的基础上，有效降低内存占用率，同时安全指标没有明显降低。

3.1　引　　言

资源受限环境下的任务调度问题在运筹学领域又被称为资源受限项目调度问题(Resource—Constrained Project Scheduling Problem，RCPSP)，是研究在有限资源约束下如何合理安排任务调度，以实现某个目标的最优化[62]。目前，求解 RCPSP 问题的算法主要有精确算法、下界计算和启发式算法。精确算法主要是基于分支定界的方法来枚举局部调度[63]。该方法虽然能得到最优解，但是时间往往过长，不适合对实时性要求高的环境。下界计算是基于线性规划并且通过放松部分逻辑关系约束条件来实现的算法[64]，在计算过程中需要在下界的质量和计算时间之间寻求权衡。启发式算法是通过一定的启发式规则得到理想解，虽然能在短时间内求得可接受的理想解，但理想解与最优解之间总存在一些偏差[65]。

在启发式算法中，元启发式算法目前应用最多，具体包括进化算法、蚁群算法等，例如，KAUR 等人[66]通过 Tchebycheff 分解的多目标进化算法实现效率和等待时间以及带宽之间的权衡。陈俊杰等人[63]通过蚁群算法进行任务列表的优化求解，通过对信息素增量规则的改进及资源冲突消解等策略，提高求解效率和质量。ZHANG 等人[67]通过建立风暴调度模型，解决边缘计算环境中风暴节点的调度优化。LIN 等人[13]提出 SDMMF 分配算法对边缘计算环境下 IDS 完成资源分配。元启发式算法中以进化算法[68-69]应用最为广泛，例如，ZHAO 等人[69]将遗传算法和 FFD 近似算法混合，将不同类型流量调度至对应检测引擎去检测。

随着机器学习的发展，强化学习(Reinforcement Learning)逐渐受到重视，强化学习通过智能体与环境交互过程中获得的奖励来指导行为，从而使智能体达到获得最大奖励的目标。深度强化学习(Deep Reinforcement Learning，DRL)能够将深度学习的感知能力与强化学习的决策能力相结合，为复杂系统的感知决策问题提供了解决思路。王凌等人[70]通过实验证明，在流水车间调度问题上，深度强化学习与群智能优化算法和独立使用的多种迭代贪婪算法相比，具有更好的性能。李凯文等人[71]研究了多个利用深度强化学习方法解决组合优化问题的新方法，认为深度强化学习方法具有求解速度快、模型泛化能力强的优势，为组合优化问题的求解提供了新思路。与强化学习相比，深度强化学习可以在状态和动作空间过大且是高维连续时，通过神经网络进行函数拟合，解决强化学习使用表格存储 Q 值带来的内存太大等问题。为了解决状态空间中的高维问题，CHEN 等人[72]提出一种基于双重深度 Q 网络(Deep Q-Network，DQN)的计算分流算法，以在不了解网络动力学先验知识的情况下学习最优策略。然后将 Q 函数分解技术与双重深度 Q 网络相结合，产生一种用于解决随机计算卸载的新型学习算法。

边缘计算的出现引起人们对资源受限环境下任务调度问题的关注。目前在对该问题的研究中，深度强化学习成为一种主流方法。但相关文献的主要研究目标大多是优化调度过程的响应时间[26,53,72]和能耗问题[57,73]。所以在研究对象上，现有研究对边缘计算环境下的 DIDS 调度问题关注的文献很少，而以低负载作为研究目标的基本没有发现。

考虑到深度强化学习在解决应对网络流量这种序列决策问题上具有侧重长期效益的优势，本章通过深度强化学习研究低负载环境下 DIDS 的任务调度问题。

本章的主要贡献如下：

(1) 提出基于深度强化学习的低负载分布式入侵检测系统任务调度方案。该方案将任务调度过程描述为马尔可夫决策过程，并建立模型的相关空间和价值函数，找到保持分布式入侵检测系统低负载状态的最优策略；

(2) 提出通过深度循环神经网络进行函数拟合替代 Q 表，使相近的状态得到相近的输出动作，解决第二章方案在大流量下偶尔会出现 Q 表过大的问题；

(3) 为了降低计算量，用值迭代替代第二章的策略迭代，同时对第二章的检测引擎性能的评估方法进行了改进。

3.2　分布式入侵检测系统

本章所设计的面向边缘计算环境的分布式入侵检测系统(DIDS)的核心部分由调度器

和多个检测引擎组成。DIDS 的主体结构如图 3-1 所示。DIDS 首先将捕获的流量进行预处理，在预处理过程中可以对数据包进行包括负载评估等的预先检测和分析工作。调度器负责向检测引擎分配待检测的数据包。检测引擎将数据包内容与规则库中的规则进行模式匹配，如果有符合规则的，表明可能带有危险信息，则报警或录入日志。在边缘计算环境下，每个检测引擎的性能可能相互不同，所以本方案需要对所检测的数据包对系统产生的负载进行等级评估，同时对不同性能的检测引擎也进行评估。

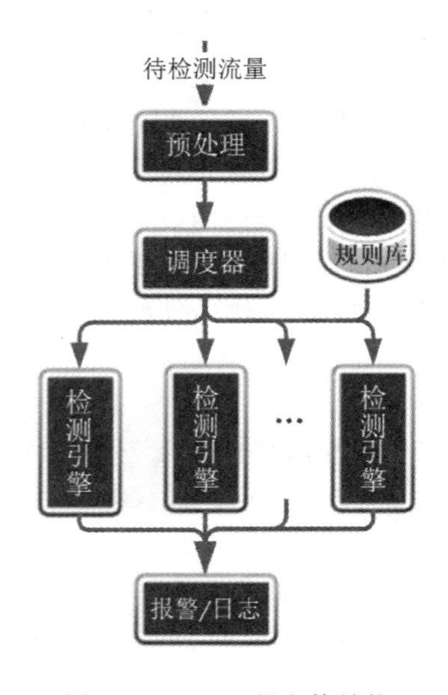

图 3-1　DIDS 的主体结构

3.2.1　性能负载评估与矛盾指标的平衡方法

对于检测引擎性能的评估，本章在第二章基础上对式(2-1)进行改进，增加了对待检数据量和 CPU 频率的考虑。定义检测引擎的性能指标 pi(performance index)的计算模型如下：

$$\mathrm{pi}=\frac{\mathrm{da}\times F_i}{\mathrm{dt}\times \mathrm{mu}} \tag{3-1}$$

式中，da(单位为 bit)为待检数据量；dt(单位为 ms)为检测时间；mu(单位为 Mb)为内存占用；F_i(单位为 GHz)为检测引擎 i 的 CPU 频率。

数据包负载的评估方法以及低负载与低丢包率两个矛盾指标的平衡方法与第二章相同。

3.2.2 工作流程

DIDS 的工作流程如图 3－2 所示。

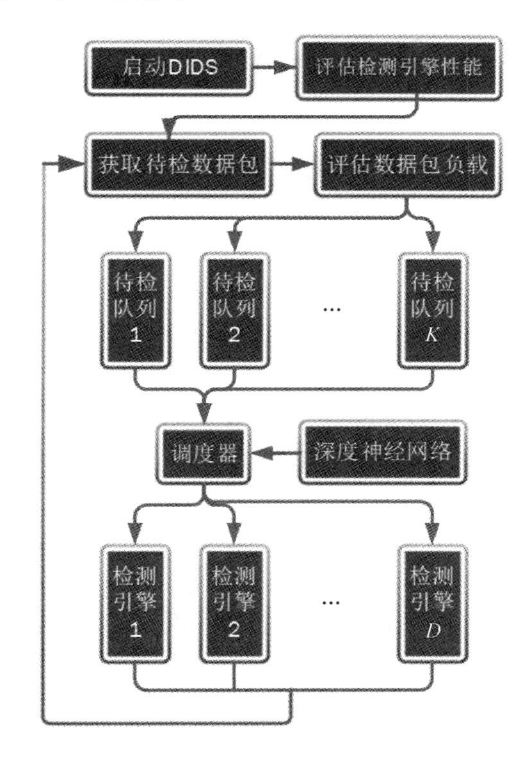

图 3－2　DIDS 的工作流程

下面对照图 3－1 来说明 DIDS 的工作流程。

(1) 在 DIDS 启动后，对检测引擎进行性能评估，确定每个检测引擎的性能等级 d；

(2) 当一个数据包到来需要检测时，调度器首先获取数据包长度，对其进行负载评估，确定负载等级 k，并将数据包放入对应等级的待检队列中；

(3) 调度器根据深度神经网络模型进行决策，决定分配哪个检测引擎去检测这一数据包；

(4) 对检测引擎来说，当一个检测引擎完成检测后，如果调度器没有再分配别的检测任务，它将暂时空闲；

(5) 对调度器来说，当一个数据包的检测请求到来时，如果 DIDS 中没有空闲的检测引擎，调度器将记录这一检测请求并将数据包留在待检队列；一旦队列满额，新到的数据包将被丢弃。

因为下一个到来的数据包的负载等级是不确定的，而且队列的长度是有限的，所以对于检测引擎数量固定的 DIDS 来说，需要作出最优决策使 DIDS 整体负载最低，同时将丢包率保持在可接受的水平。为达到这个目的，可以使用 MDP 对调度过程进行建模。

3.3 马尔可夫决策过程建模

马尔可夫决策过程(Markov Decision Process，MDP)是用于序贯决策的数学模型，它的特点是在与环境交互过程中，能根据环境给予的奖励和惩罚不断学习，从而修正自己的行为以获得最大利益。

与监督学习和非监督学习的各种算法相比，马尔可夫决策过程具备主动学习能力，能通过执行某些动作去探索，并从环境中获得反馈来调整动作。而监督学习和非监督学习都只能在给定的数据集上去学习。本章所研究的调度问题，是根据网络流量的变化及时调整策略，所以通过马尔可夫决策过程建模更为适合。

本章所设计的 DIDS 有 D 个不同性能等级的检测引擎，这些检测引擎将对所捕获的数据包进行检测。在预处理阶段，数据包将被分为 K 个负载等级。检测时间服从指数分布，数据包的到达过程可以看作 K 个独立的泊松过程。评判准则采取平均负载准则。如果考虑数据包到达和检测结束的时刻，那么此时的嵌入链是马尔可夫链。建立模型是以低负载为主要优化目标，通过状态-行为价值函数确定最小的平均负载准则，从而找到实现 DIDS 最小负载的最优策略。

本节后面所使用的各参数定义如表 2-1 所示。

3.3.1 状态空间

将 $s=(N(D, K), B(K), r)$设为状态，其中 $N(D, K)$是一个向量，具有$(n_{10}, n_{11}, \cdots, n_{1K-1}, n_{20}, \cdots, n_{DK-1})$的形式，描述了 DIDS 的工作状态，包括尚未分配检测任务的检测引擎的分布以及正在为各等级数据包检测的检测引擎状况；$B(K)$也是一个向量，具有$(b_1, b_2, \cdots, b_K)$的形式，描述了正在等待检测的数据包情况，包括各种数据包的数量；r 取值于集合$\{K, K-1, \cdots, 1, 0\}$，描述最后一个到达的数据包的情况。当队列长度的限制 b 确定以后，就可以定义一个含有所有可能状态的集合 X：

$$X=\left\{(N(D, K), B(K), r)\left|\begin{array}{l}\sum_{j=0}^{K-1} n_{ij} \leqslant n_i, \sum_{k=1}^{K} b_k \leqslant b; n_{ij}, b_k \geqslant 0 \\ i=1, 2, \cdots, D; j=0, 1, \cdots, K-1 \\ k=1, 2, \cdots, K; r=0, 1, \cdots, K\end{array}\right.\right\} \quad (3-2)$$

式中，$b>0$ 是允许的队列长度。

下面列出集合 X 中的几种典型的可能状态：

(1) 系统里如果有空闲的检测引擎，且刚好有一个数据包到达，经过负载评估是第 j 等级数据包，那么 X_1 作为 X 集合中的一个状态，则有

$$X_1=\left\{(N(D,K),B(K),j)\,\middle|\,\sum_{d=1}^{D}n_{d0}>0,\ \sum_{k=1}^{K}b_k=0;\ j=\overline{1,K}\right\} \tag{3-3}$$

式中，状态$(N(D,K),B(K),j)$表示新到达的数据包带来了第 j 等级的检测需求。

(2) 系统里没有可用的检测引擎时的所有可能状态 X_2 可以表示为

$$X_2=\left\{(N(D,K),B(K),0)\,\middle|\,\sum_{d=1}^{D}n_{d0}=0,\ 0<\sum_{k=1}^{K}b_k\leqslant b\right\} \tag{3-4}$$

(3) 系统里仍有空闲的检测引擎且无数据包等待检测(此时 $r=0$)的所有可能状态 X_3 可以表示为

$$X_3=\left\{(N(D,K),B(K),0)\,\middle|\,\sum_{d=1}^{D}n_{d0}>0,\ \sum_{k=1}^{K}b_k=0\right\} \tag{3-5}$$

(4) 系统里只有一个空闲的检测引擎且有等待检测的数据包的所有可能状态(这种情况比较少见)X_4 可以表示为

$$X_4=\left\{(N(D,K),B(K),0)\,\middle|\,\sum_{d=1}^{D}n_{d0}=1,\ \sum_{k=1}^{K}b_k>0\right\} \tag{3-6}$$

3.3.2 动作空间

在 3.3.1 节所列的几种情况中，对于 X_1 中的状态，调度器需要选择指派哪一等级的检测引擎来处理这个数据包；对于 X_4 中的状态，系统需要考虑目前唯一空闲的检测引擎应该检测队列中哪一等级数据包；对于 X_2 和 X_3 中的状态，系统不需要作出决策。状态集合 X 的动作集合 A 如表 3-1 所示。

表 3-1　动作集合 A

状 态 集 合	动 作 集 合
X_1	$A(s)=\{d\mid n_{d0}>0,\ d=1,2,\cdots,D\},\ s\in X_1$
X_2	$A(s)=\{0\},\ s\in X_2$
X_3	$A(s)=\{0\},\ s\in X_3$
X_4	$A(s)=\{k\mid b_k>0,\ k=1,2,\cdots,K\},\ s\in X_4$

3.3.3 转移速率与转移概率

转移概率是由系统当前所处的状态和调度器选取的动作来决定的。因为本章使用的是

马尔可夫决策过程，所以转移概率可以通过转移速率来求得。转移速率可以根据表 3-2 所示的几种情况来确定。

表 3-2　4 种不同状态集合对应的参数

状态集合	可能的转移状态	对应的转移速率
X_1	$s' \in X_3$	$p(s' \mid s, d)=\begin{cases} n_{ij}\mu_{ij}, & i\neq d, \\ n_{ij}\mu_{ij}, & i\neq d \text{ 且 } j\neq k, \\ (n_{ij}+1)\mu_{ij}, & i\neq d \text{ 且 } j=k, \end{cases}$
	$s' \in X_1 \cup X_2$	$p(s' \mid s, d)=\lambda_j$
X_2	$s' \in X_4$	$p(s' \mid s, 0)=n_{ij}\mu_{ij}$
	$s' \in X_2$	$p(s' \mid s, 0)=\lambda_j$
X_3	$s' \in X_3$	—
	$s' \in X_1$	$p(s' \mid s, 0)=n_{ij}\mu_{ij}$
X_4	$s' \in X_3 \cup X_4$	$p(s' \mid s, k)=\begin{cases} n_{ij}\mu_{ij}, & i\neq d, \\ n_{ij}\mu_{ij}, & i=d \text{ 且 } j\neq k, \\ (n_{ij}+1)\mu_{ij}, & i=d \text{ 且 } j=k, \end{cases}$
	$s' \in X_2$	$p(s' \mid s, k)=\lambda_j$

转移速率矩阵的对角元素可以定义为

$$p(i' \mid i, a)=\sum_{\substack{j\in X \\ j\neq i}} -p(j \mid i, a),\ a \in A(i) \tag{3-7}$$

对任何的确定性策略 π，可以得到对应的转移速率矩阵 $p(\pi)$。根据连续时间的马尔可夫决策过程理论，可得到转移概率矩阵 $P(\pi)$ 为

$$P(\pi)=\lambda^{-1}[p(\pi)]+i \tag{3-8}$$

式中，λ 满足：$0<\lambda=\sup\limits_{i\in S,\ a\in A(i)} -p(i \mid i, a)\leqslant M$。

对于转移速率矩阵 $p(\pi)$，将每一行除以该行对应对角线上的元素以后，再加上一个单位矩阵，也可以得到一个新的嵌入马尔可夫链的转移概率矩阵 $P'(\pi)$。通过这两种不同方法得到的系统，它们的最优策略和对应的值函数都是相同的。

3.3.4 价值函数和最优策略

前面设定 l_k 为检测第 k 等级数据包对检测引擎带来的最小负载，l_k 依赖于要检测的数

据包的负载等级 k；平均负载 l_{dk} 取决于检测引擎的性能等级 d 和数据包的负载等级 k，考虑到检测时间的分布通常是指数分布，那么在状态 s 时采取动作 a 的期望负载，也就是基于策略 π 的状态-价值函数为

$$v_{\pi}(s)=\begin{cases}0, & s\in X_3\cup X_2\\ l_k+\int_0^{\infty} l_{dk}td(1-\mathrm{e}^{-\mu_{dk}t})\end{cases} \tag{3-9}$$

那么，实现最低负载的状态-行为价值函数 $q^*(s, a)$为

$$q^*(s, a)=\liminf_{n\to\infty}\frac{E_{\pi}\left\{\sum_{i=0}^{n}q(Y_i, \pi(Y_i))\mid s\right\}}{E_{\pi}\left\{\sum_{i=0}^{n}\tau_i\mid s\right\}} \tag{3-10}$$

式中，Y_i 是决策时刻 i 的状态；s 是初始状态；τ_i 是决策时刻 i 的平均滞留时间。

在寻找系统低负载的过程中，本章使用值迭代(Value Iteration) 方法。选择值迭代的主要原因是本章所涉及问题的状态空间较大，而网络边缘设备的计算性能有限。如果选用策略迭代，那么策略估计需要对所有的状态扫描若干次，这个过程所产生的巨大计算量会严重影响迭代算法的效率，而且价值函数的值实际上没有必要计算得非常精确。

值迭代是依靠循环的方式对不同动作下的 $q(s, a)$进行计算，如果小于收敛阈值便可以确定。其算法的伪代码如表 3-3 所示。

表 3-3　值迭代算法的伪代码

值迭代算法
输入：阈值 $\theta(\theta>0)$ 初始化：$V(s)$ 输出：策略 $\pi\approx\pi^*$，$\pi(s)=\mathrm{argmax}_a\sum_{s', r}p(s', r\mid s, a)[r+\gamma v(s')]$ 1　repeat 2　　$\Delta\leftarrow 0$ 3　　for each $s\in S$ do 4　　　$v\leftarrow V(s)$ 5　　　$v(s)\leftarrow\max_a\sum_{a', r}p(s', r\mid s, a)[\gamma+\gamma v(s')]$ 6　　　$\Delta\leftarrow\max(\Delta, \lvert v-V(s)\rvert)$ 7　　end 8　until $\Delta<\theta$

3.4 深度神经网络与函数拟合

当状态空间和动作空间较小且维数不高的时候，可以使用表格形式存储每个状态和动作对应的 Q 值(即 $Q(s, a)$的值)。就本章所涉及的问题而言，状态和动作空间过大且是高维连续，所以使用表格存储 Q 值将带来内存太大等诸多问题。因此，本章通过神经网络进行函数拟合，通过神经网络接受外部的状态信息，使相近的状态得到相近的输出动作。

由于网络流量中含有的大量视频和音频等都属于时间序列数据，存在时间关联性和整体逻辑特性。与卷积神经网络相比，循环神经网络(Recurrent Neural Network，RNN)更适合处理时间序列数据，所以本章选择使用深度循环神经网络。本章设计的深度循环神经网络结构包括输入层、隐藏层和输出层。相对于普通的全连接神经网络，本章在隐藏层中多增加了信息记忆功能，也就是说每一时刻隐藏层的输入不仅是输入层的输出，还包含上一时刻隐藏层的输出。所以，对具体某个隐藏层来说，在 t 时刻，它的状态 s_t 的计算公式为

$$s_t = \tanh(\boldsymbol{U}x_t + \boldsymbol{W}s_{t-1}) \tag{3-11}$$

式中，s_{t-1} 为 $t-1$ 时刻的状态；$\boldsymbol{W}$ 为状态 s 的权重参数矩阵；x_t 为 t 时刻的输入；$\boldsymbol{U}$ 为输入的序列信息的权重参数矩阵。

t 时刻状态 s_t 的输出为

$$\hat{y}_t = \mathrm{softmax}(\boldsymbol{V}s_t) \tag{3-12}$$

式中，softmax 为输出的激活函数；$\boldsymbol{V}$ 为输出序列信息的权重参数矩阵。

由于要处理的信息量太大，为了增加模型的表达能力，本章在深度循环神经网络中堆叠了多个隐藏层。深度循环神经网络与状态动作和调度器的工作关系如图 3-3 所示。

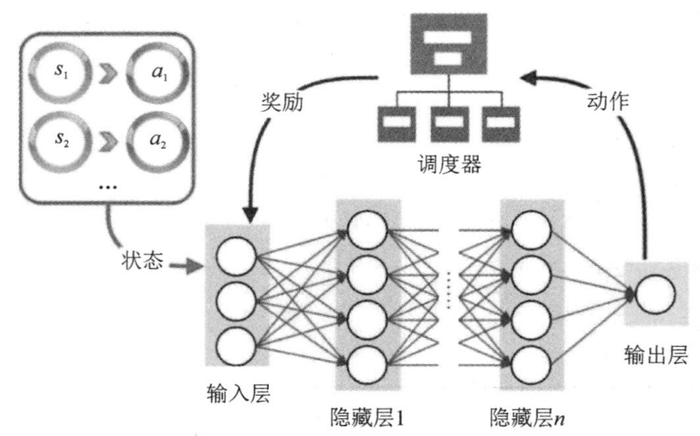

图 3-3 深度循环神经网络与状态动作和调度器的工作关系

为了度量深度循环神经网络模型输出产生的误差，本章使用了交叉熵的损失函数来优化权重参数矩阵 $\boldsymbol{U}$、$\boldsymbol{W}$ 和 $\boldsymbol{V}$，使得输入的序列数据经过深度循环神经网络处理后的输出值更加接近真实的输出值。

设输出的时间序列总数为 T，那么深度循环神经网络模型的总损失函数为

$$L=\sum_{t}^{T}-y_t\log\hat{y}_t \tag{3-13}$$

式中，y_t 为 t 时刻的真实值；$\hat{y}_t$ 为 t 时刻的预测值。

在训练过程中使用的算法是时间反向传播(Backpropagation Through Time，BPTT)算法，BPTT 算法沿着需要优化的参数的负梯度方向不断寻找更优的点直至收敛，其具体步骤如下：

(1) 前向计算每个神经元的输出值；

(2) 沿向上和向前两个方向，反向计算每个神经元的误差项，误差项同时也是误差函数对神经元的加权输入的偏导数；

(3) 计算每个权重的梯度；

(4) 用随机梯度下降算法更新权重。

3.5　实验及结果分析

本实验通过仿真环境对本章所提出的方案在 DIDS 上进行测试。具体测试内容分为性能和安全两个方面，性能方面包括内存占用率、检测数量和系统负载；安全方面包括丢包率和恶意特征检测率。在测试过程中，首先将本章与第二章两种方案的内存占用率进行对比，然后将本章方案与近年较新文献中的 SDMMF 算法[13]、文献[69]中的混合遗传算法(Hybrid GA)和文献[74]中的迭代局部搜索(ILS)算法进行对比。测试的目的是判断使用本章所提方案后，调度器能否在 DIDS 的检测能力没有明显降低的情况下，具有更好的低负载优势。

3.5.1　实验环境

本章基于如图 3－1 和图 3－2 所示的 DIDS 框架在 EdgeCloudSim 上构建了一个仿真实验系统。在 EdgeCloudSim 中，五个基本模块的运用与第二章相同，具体详见 2.5.1 节。

3.5.2　测试数据集

本章采用的测试数据集为 NSL-KDD 数据集和 WSN-DS 数据集。这两种数据集的具体

类型等参数可参考 2.5.2 节，此处不再详述。

3.5.3 性能测试

1. 内存占用率

在 2.4.2 节中提出了低负载与低丢包率的平衡方法。依据该方法，调度方案在不同的网络速度下有不同的处理倾向。在本实验中，首先对不同性能的检测引擎依据式(2-20)测算它们的工作效率，将它们分为 5 个不同的性能等级。在具体等级划分过程中，本章仍然采用第二章的组距分组方法。低阈值 T_L 设置也为 20%。当丢包率低于 20%时，调度器按照低负载优先的原则进行任务调度；当丢包率高于 20%时，调度器按照低负载和低丢包率兼顾的原则进行任务调度；当丢包率继续上升且接近检测引擎的处理极限时，调度器恢复为低丢包率原则。

为了测试不同性能等级的检测引擎的内存占用情况，下面在 5 个典型网速下进行测试，分别是 25 Mb/s(未出现丢包)、50 Mb/s(刚出现丢包)、95 Mb/s(丢包率达到 20%)，175 Mb/s 和 250 Mb/s。

这里进行以下两种测试：

(1) 首先测试第二章基于 QL(Q-Learning)方案下 5 个不同性能等级检测引擎的内存占用率，测试结果如图 3-4 所示。

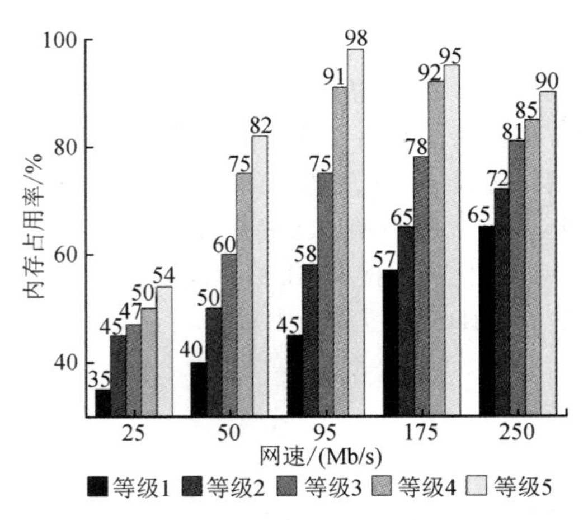

图 3-4 基于 QL 方案的不同性能等级检测引擎的内存占用率

(2) 测试本章基于深度强化学习(Deep Reinforcement Learning，DRL)方案下 5 个不同性能等级检测引擎的内存占用率，测试结果如图 3-5 所示。

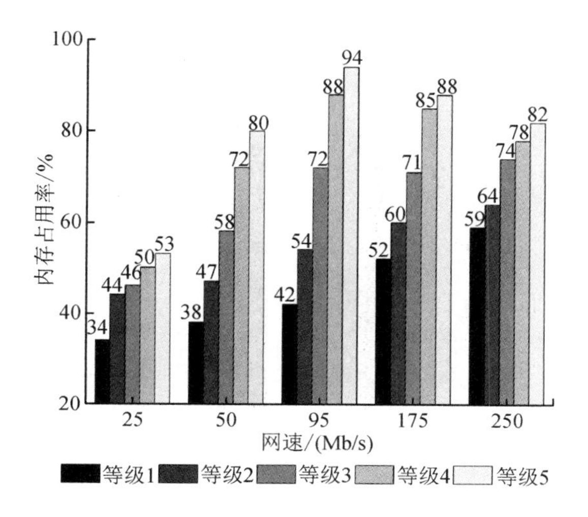

图 3-5　基于 DRL 方案的不同性能等级检测引擎的内存占用率

从图 3-4 和图 3-5 中可以看到，根据 2.4 节提出的平衡策略，性能等级高的检测引擎因为处理效率高，所以被分配的任务相比等级低的检测引擎更多一些，内存占用率也更大。当网速较低时，不同性能等级的检测引擎的内存占用率与网速高时相比，差别还不大；当网速达到 95 Mb/s 时，因为到达低阈值，不同性能等级的检测引擎的内存占用率差异非常显著；当网速持续增高到 250 Mb/s 时，高性能检测引擎已经接近性能极限，低性能检测引擎被分配的任务比例开始增加，内存占用率也增加，所以每个性能等级的检测引擎的内存占用率都较低网速阶段有所升高。

通过对比图 3-4 和图 3-5 还可看出，在高网速阶段(250 Mb/s)，基于 DRL 方案的内存占用率与基于 QL 方案相比降幅最大，最大可达到 8.8%；在低网速阶段(25 Mb/s)，降幅最小，最大仅达到 1.8%。这说明基于本章提出的改进方案在大流量下能有效降低内存占用率。

下面分别测试基于 DRL 方案的算法与 Hybrid GA[67]、ILS[91] 和 SDMMF[15] 这 4 种不同算法的内存占用率对比，并计算不同性能等级检测引擎的内存占用率的平均值，测试结果如图 3-6 所示。

通过图 3-6 可以看出，本章所提方案的不同性能等级检测引擎内存占用率平均值比其他算法都小。混合遗传算法(Hybrid GA)因为时间和空间复杂度较大的问题，占据的内存空间最大。

通过以上测试，可以证实本章所提出的方案在内存占用率方面相比其他算法更具有优势。

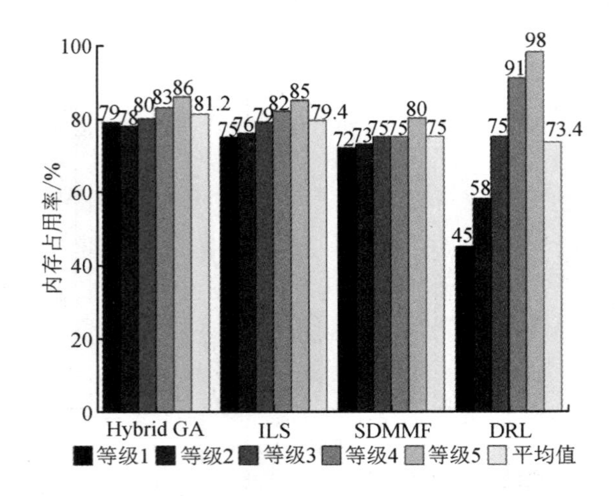

图 3-6　4 种不同算法的内存占用率及平均值对比

2. 系统负载

系统负载是通过对不同网速下各检测引擎的平均负载进行累加得出的，即

$$\text{avgload} = \sum_{d=1}^{D} \left(l_k + \int_0^{\infty} l_{dk} t d (1 - e^{-\mu_{dk} t}) \right) \tag{3-14}$$

在测试中，为了模拟边缘网络的低网速环境和靠近网络核心位置的中、高网速环境，本章对测试流量采取了不同的发送速度，测试结果如图 3-7 所示。

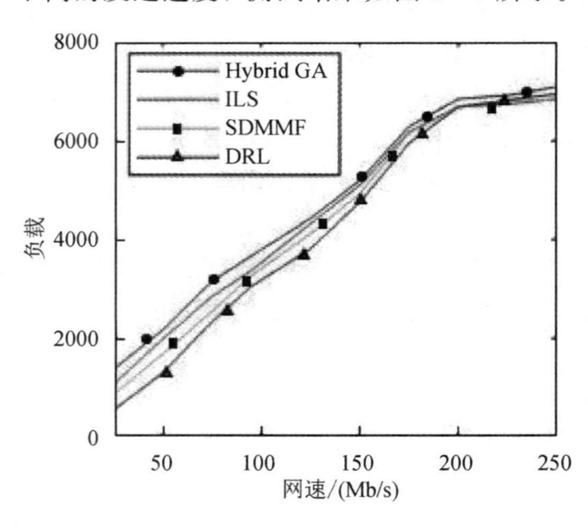

图 3-7　系统负载测试

在图 3-7 中可以看出，本章所提出的算法在模拟边缘网络的低网速流量中有明显的低负载优势；只有在模拟核心网络的高网速流量下，调度器才开始逐渐向低丢包率原则倾斜，所以此时低负载优势逐渐消失，与同样强调轻量级任务调度的 SDMMF 和 ILS 算法的结果相对接近。这说明本章所提出的算法在边缘计算环境下能有效降低系统负载。另外，通过图 3-7 还可看到，随着网速增长，因为丢包率的提高，DIDS 逐渐接近性能极限，所以各种算法的负载增幅均逐渐减缓。

3. 检测数量

在不同网速下的检测数量可以直接反映出使用不同调度方案的计算能力。在选用的测试流量中，KDD99 训练集的条目总数是 4 898 431 条，NSL-KDD 去除冗余记录后剩余 1 074 992 条，KDD99 测试集的条目总数是 311 027 条，NSL-KDD 去除冗余记录后是 77 289 条。NSL-KDD 测试条目共 1 152 281 条。WSN-DS 数据集中共有 374 661 条。下面先将低阈值 T_L 设置为 20%，在几个具有代表意义的网速下测试不同算法对测试流量的检测数量。当低阈值为 20%时不同算法的检测数量如表 3-4 所示。

表 3-4 当低阈值为 20%时不同算法的检测数量

网速/(Mb/s)	Hybrid GA	ILS	SDMMF	DRL
25	1 526 942	1 526 942	1 526 942	1 526 942
50	1 374 248	1 404 787	1 389 517	1 358 978
95	1 206 284	1 236 823	1 229 188	1 221 554
150	1 099 398	1 137 572	1 152 841	1 145 207
200	961 973	992 512	1 023 051	1 048 321
250	732 932	794 010	824 549	849 818

从表 3-4 中可以看出，由于本章所提方案在低网速阶段倾向于低负载原则，而且低阈值 20%的设定对丢包率宽容度较大，所以基于 DRL 方案的算法的检测数量在网速为 50 Mb/s 时比其他算法低 1.1%～3.2%。但是，在高网速阶段，由于本章方案逐渐转向低丢包率原则，所以检测数量反而比其他算法更高。例如，在网速为 150 Mb/s 时，本章所提方案高于其他算法 0.6%～4.1%；在网速为 200 Mb/s 时，本章所提方案高于其他算法 6.1%～8.9%；在网速为 250 Mb/s 时，本章所提方案高于其他算法 5.7%～16.6%。

考虑到低阈值的设置对丢包率宽容度较大，从而造成对本章所提方案在网速为 50 Mb/s 时的检测数量出现比其他算法低的情况，下面将基于 MDP 的方案低阈值 T_L 设置为 10%，与将低阈值设置为 20%时的检测数量进行对比，结果如表 3-5 所示。

表 3－5　基于 MDP 的方案在不同低阈值下的检测数量

网速/(Mb/s)	25	50	95	150	200	250
$T_L=20\%$	1 526 942	1 358 978	1 228 854	1 150 207	1 048 321	849 818
$T_L=10\%$	1 526 942	1 367 729	1 243 189	1 166 310	1 073 121	862 733
提高率	0%	0.6%	1.2%	1.4%	2.3%	1.5%

在表 3－5 中可以看出，实际测试中丢包率在网速接近 50 Mb/s 时达到 10%，所以当将调度方案提前向低丢包率原则倾斜时，检测数量比低阈值设置为 20%时提高了 0.6%～2.3%。

通过该项测试可以看出，只要给予适当的低阈值设定，本章所提方案的检测数量在大多数网速阶段内与其他算法相比并没有明显降低。

4. 奖励值测试

在调度器与网络环境的交互过程中，当深度循环神经网络根据状态选择的动作使系统获得低负载时，将给与奖励值。奖励函数设为 $r(s, a, s')=\boldsymbol{\omega}^{\mathrm{T}}s$，与状态 s 呈线性关系。奖励函数的参数 $\boldsymbol{\omega}$ 可以随迭代而更新。当奖励值为正时，选择每个动作的概率会随梯度上升不断升高，这会减缓学习率；而学习率的降低，会使奖励的收敛减缓。所以确定适当的学习率非常重要。在实验中，本章测试了几种不同的学习率对奖励值收敛的影响，其测试结果如图 3－8 所示。

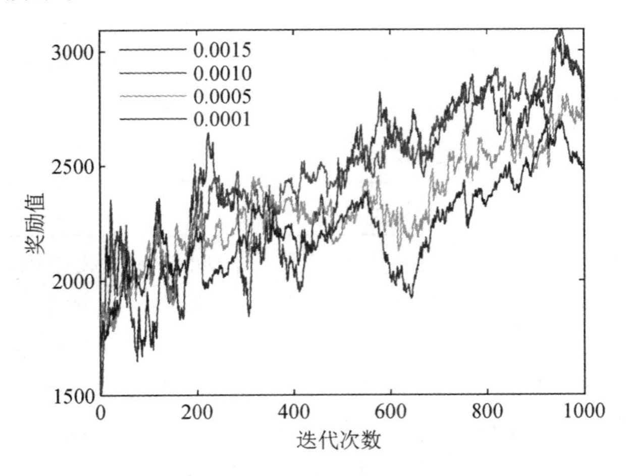

图 3－8　不同学习率下的奖励值

在图 3－8 中可以看到，当学习率为 0.0015 时，随着迭代次数的增加，虽然偶尔能获得最大的累计奖励值，但是振幅过大且不稳定；当学习率为 0.0005 和 0.0001 时，奖励值的升高逐渐减缓，不能获得最大值，所以也不适合；只有当学习率为 0.001 时，振幅较小，奖

励值的升高比较平稳，能够获得最优值。所以本章将学习率确定为 0.001。

3.5.4 安全测试

1. 丢包率

本实验是为了测试本章所提方案与其他对比算法相比，是否会使丢包率上升，从而带来安全性的降低。丢包率是测试流量中已检测的数据包数量与所有数据包数量的比值。在实验中，首先将低阈值 T_L 设置为对丢包率宽容度较大的 20%。丢包率测试结果如图 3-9 所示。

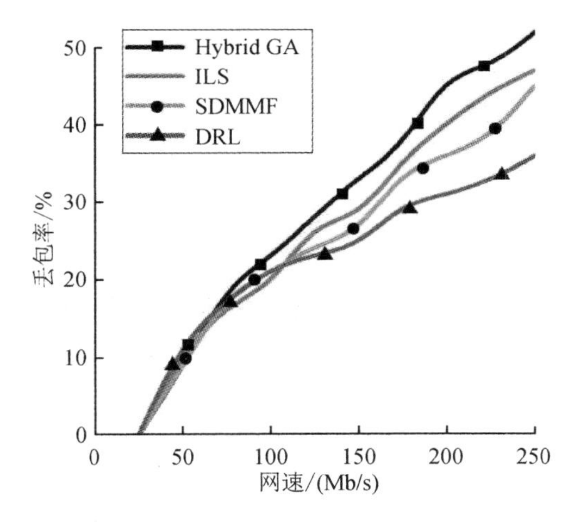

图 3-9　丢包率(T_L=20%)

在图 3-9 中可以看出，几种对比算法大约都从网速为 25 Mb/s 开始出现丢包。这是因为在低网速环境下提出的方案侧重于低负载原则，所以在低于 20% 丢包率(对应网速约小于 95 Mb/s)的区间内并没有显露出低丢包率的优势；当丢包率超过 20% 以后，基于 DRL 的算法开始兼顾低丢包率原则，所以丢包率开始下降；网速越高，越倾向于低丢包率原则，越具有低丢包率的优势。

为了降低本章所提方案在低网速阶段的丢包率，在实验中再次将低阈值设置为 10%，丢包率测试结果如图 3-10 所示。

在图 3-10 中，各算法 10% 的丢包率大约在网速为 50 Mb/s 以后出现。与图 3-9 不同的是，基于 DRL 的算法在网速为 50 Mb/s 以后丢包率的上升趋势发生变化，与其他算法相比有所降低。当网速为 250 Mb/s 时，基于 DRL 的算法的丢包率低于其他算法 8.1%～20.3%。

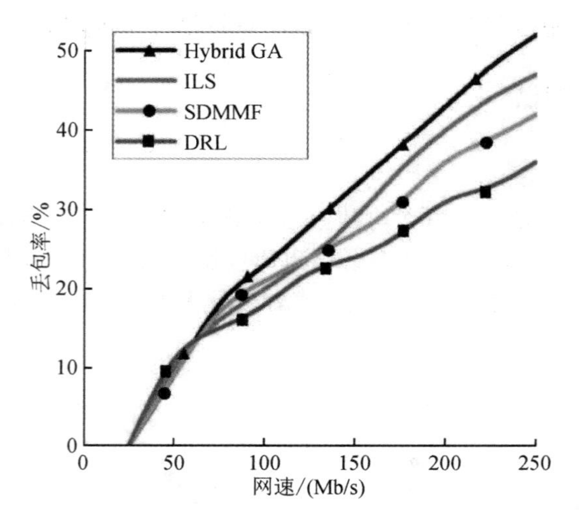

图 3-10 丢包率(T_L=10%)

2. 恶意特征检测率

恶意特征检测率是由每种算法对 NSL-KDD 和 WSN-DS 两个数据集所检测到的恶意特征数量除以恶意特征总数(即表 2-3 和表 2-4 的攻击特征数量总和)得到的。在实验中，同样对低阈值 T_L 设置为 20%和 10%，检测结果分别如图 3-11 和图 3-12 所示。

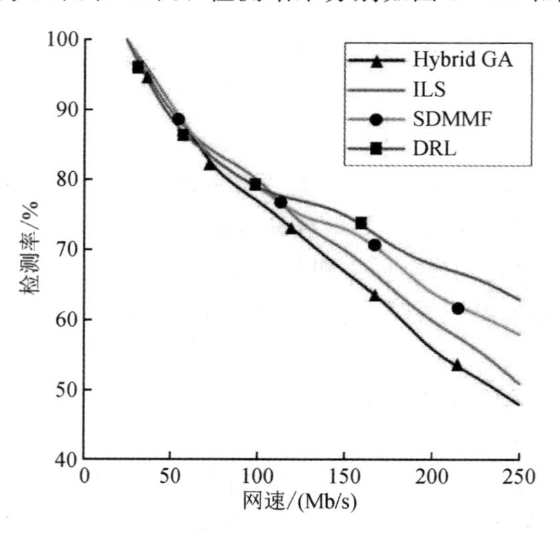

图 3-11 检测率(T_L=20%)

在图 3-11 中，各种算法大概从网速为 25 Mb/s 开始出现丢包，所以检测率开始低于 100%。在低网速状态下，因为调度器侧重低负载原则，所以当 T_L 设置为 20%时，本章所

提出的 DRL 算法的恶意特征检测率仅仅在网速为 25～50 Mb/s 时相比其他算法降低 0.6%～1.7%；当网速提升到 100 Mb/s 后，检测率普遍高于其他算法。

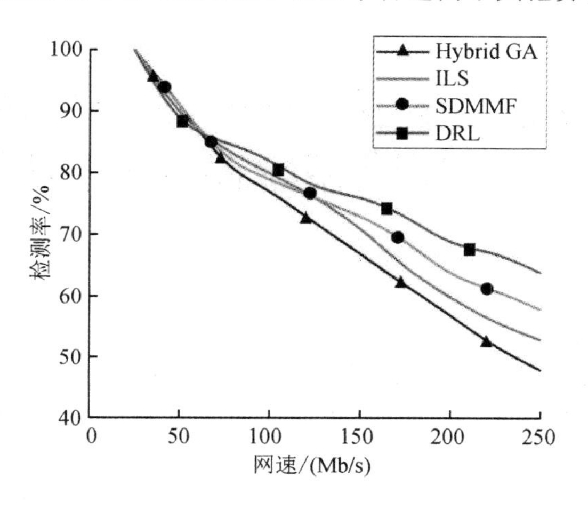

图 3-12　检测率($T_L=10\%$)

在图 3-12 中，DRL 算法的检测率的优势更为明显，在网速为 50 Mb/s 时就已经开始超过了其他算法。当网速为 250 Mb/s 时，DRL 算法的检测率高于其他算法 7.8%～19.4%。

本章小结

针对边缘计算环境中设备存在处理性能受限的问题，本章提出基于深度强化学习的低负载 DIDS 任务调度方案。通过该方案可以确定保持 DIDS 低负载状态的最优策略。同时，还提出低负载与丢包率这两个矛盾指标的平衡方法。实验表明，本章所提出的方案与其他算法相比，具有更好的低负载性能。将来，我们会使用长短期记忆网络解决循环神经网络对序列数据的长依赖问题，以提高训练性能。

第四章 基于深度 Q 网络的协作式入侵检测系统的任务卸载方案

第二章和第三章提出的方案虽然能够有效地降低网络边缘分布式入侵检测系统的负载，但是在更大的检测任务到来时，选择将部分任务卸载至性能更好的边缘服务器来协助检测，不失为在解决资源受限问题时更具有前瞻性的方案。基于此，本章研究基于深度 Q 网络(Deep Q-Network，DQN)的协作式入侵检测系统的任务卸载问题。首先，提出一种应用于移动边缘计算的协作式入侵检测系统(Cooperative Intrusion Detection System，CIDS)的任务卸载架构；然后，在此基础上，提出一种基于深度 Q 网络的任务卸载算法，在建立了本地执行与卸载执行过程的时延、能耗和卸载决策模型后，将任务调度过程描述为马尔可夫决策过程，并建立相关的空间和价值函数；最后，用基于 DQN 的任务卸载算法建立损失函数和目标函数，引入记忆回放，解决 Q-Learning 算法中状态空间和动作空间过多以及维数灾难等问题。

4.1 引 言

近年来，在关于边缘计算环境下任务卸载领域的研究中，由于强化学习具有帮助智能体在与环境交互过程中通过更新学习策略来获得最大化奖励的优势，逐渐引起了研究者的关注。TANG 等人[75]提出了一种基于深度强化学习的无模型分布式算法，其中，每个设备可以在不知道其他设备的任务模型和卸载决策的情况下确定自己的卸载决策。针对移动边缘计算(Mobile Edge Computing，MEC)中的多通道访问和任务卸载问题，CAO 等人[76]提出了一种新的多智能体深度强化学习方案，该方案使边缘设备之间能够相互协作，可以显著降低计算时延，提高信道接入成功率。此外，卢海峰等人[77]提出通过深度强化学习解决大规模异构 MEC 中集群多个服务节点和移动任务相互依赖的卸载问题。童钊等人[78]提出了一种在 MEC 环境中基于深度强化学习的自适应任务卸载和资源分配算法，以减少平均任务响应时间和总系统能耗。但遗憾的是，现有的边缘计算任务卸载研究很少考虑应用场

景的安全。

随着网络流量的快速增长和入侵行为的复杂化，单一检测引擎的传统入侵检测系统(Intrusion Detection System，IDS)无法满足高效准确检测的要求，因此出现了协作式入侵检测系统(CIDS)[79]。CIDS将网络流量按照一定的规则分配给多个检测引擎进行检测，提高了检测效率，降低了对单个检测引擎的性能要求，防止了单点故障导致的整体瘫痪。由于移动边缘计算刚刚兴起，有关移动边缘计算环境下入侵检测的文献非常有限。现有的相关文献包括Fog-to-Things环境中的攻击检测[80]、物联网环境中基于半监督学习的CIDS[79]、无线传感器网络中基于博弈论和自回归模型的入侵检测模型[81]和车载自组织网络(Vehicular Ad Hoc Network，VANET)的分布式入侵检测系统[82]。与本章内容类似的研究只有基于Q-Learning的低负载DIDS任务调度[74]、基于LyaPoNv稳定性理论的IDS资源分配机制[12]、边缘计算中DIDS的智能误报[83]和基于深度信任网络(Deep Trust Network，DBN)的入侵检测方法[84]，但这些论文没有涉及任务卸载，无法分担边缘网络入侵检测系统的处理压力。因此，目前尚未发现MEC中有关IDS任务卸载的相关研究。

2015年，Google旗下的DeepMind公司在Nature上发表论文，首次提出深度Q网络(DQN)的概念[85]。作为一种全新的算法，基于DQN的任务卸载算法解决了DRL的维度灾难问题。基于此，本章利用DQN研究移动边缘计算环境中入侵检测系统的任务卸载问题。

本章的主要贡献如下：

(1) 提出了一种应用于MEC环境下的CIDS任务卸载架构，可以将部分检测任务卸载到位于边缘服务器上性能更好、资源更好的IDS进行处理；

(2) 提出了一种基于DQN的任务卸载算法，建立了MEC环境下CIDS任务卸载的时延、能耗和卸载决策模型；

(3) 用马尔可夫决策过程对任务调度过程进行建模，建立了相关的空间和价值函数；

(4) 基于DQN算法建立损失函数和目标函数，并引入记忆回放来解决Q-Learning算法中状态和动作空间过多和维度灾难等问题。

4.2　系统建模

4.2.1　CIDS任务卸载架构

本章设计的用于MEC环境下的CIDS任务卸载架构如图4-1所示。任务卸载整体架构分为边缘网络层和边缘服务器层。为了对终端设备进行就近检测，边缘微入侵检测系统

(Edge Micro Intrusion Detection System，EMIDS)部署在距离设备最近的无线网络边缘。边缘服务器层作为无线网络边缘和云端的中介，部署在靠近网络边缘或边缘数据中心的位置，为计算能力不足的边缘设备提供就近的计算服务。EMIDS 的计算能力有限，借助小规则数据库(Small Rule Database，SRD)，可以以较低的计算复杂度检测边缘设备。当计算量较大的检测任务到达时，可以由边缘网络层的决策引擎决定是否需要卸载到边缘服务器层的边缘入侵检测系统(Edge Intrusion Detection System，EIDS)进行检测。EIDS 放置在计算性能更好的边缘服务器层。一个 EIDS 可以有多个检测引擎(Detection Engines，DE)来帮助多个 EMIDS 执行任务检测。边缘网络层和边缘服务器层通过数据传输单元(Data Transmission Unit，DTU)交换数据。DTU 和 DTU 之间有缓存，可以减少因网络传输问题造成的数据丢失。

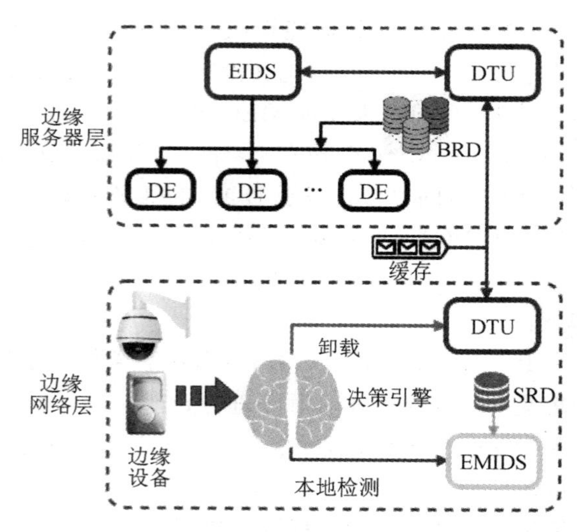

图 4-1 用于 MEC 环境下的 CIDS 任务卸载架构

在执行复杂的计算任务时，能耗和延迟直接影响服务质量(Quality of Service，QoS)。因此，如果决策引擎进行了预先计算，认为将 EMIDS 的检测任务卸载到 EIDS 具有较低的时间成本和能源成本，那么决策引擎将决定卸载；如果 EMIDS 有很多检测任务，并且 EMIDS 接近处理极限并且发生了丢包，那么决策引擎也可以决定将任务卸载到 EIDS。无论决策引擎是决定在本地 EMIDS 执行检测任务还是将其卸载到 EIDS，由此产生的延迟都将直接影响流量的实时性能和用户的 QoS。因此，减少卸载时延是卸载优化的一个重要问题。

假设卸载模型中有 N 个独立的检测任务，EIDS 可以分配给 M 个 DE 进行检测。对于持续的网络流量，决策引擎可以使用会话作为任务分配的基本单元。如果决策引擎决定在本地执行检测任务，它会将任务 i 的卸载标志 x_{ik} 的值设置为 0，其中 $i\in\{1, 2, \cdots, N\}$ 并且 $k\in\{1, 2, \cdots, M\}$；如果决策引擎决定将检测任务卸载到 EIDS 执行，则将 x_{ik} 的值设置为 1。这样，对于 N 个检测任务和 M 个 DE，这些标志位将形成如下的任务分配矩阵：

$$\boldsymbol{X}=\{x_{ik}\}\in\{0, 1\}^{N\times(M+1)} \tag{4-1}$$

式中，$\boldsymbol{x}_i=[\boldsymbol{x}_0^{\mathrm{T}}, \boldsymbol{x}_1^{\mathrm{T}}, \cdots, \boldsymbol{x}_k^{\mathrm{T}}, \cdots, \boldsymbol{x}_M^{\mathrm{T}}]^{\mathrm{T}}$ 并且 $\boldsymbol{x}_k=[\boldsymbol{x}_{1k}, \boldsymbol{x}_{2k}, \cdots, \boldsymbol{x}_{Nk}]^{\mathrm{T}}$。

4.2.2 系统建模

1. 延迟模型

本地执行任务的延迟只是 EMIDS 检测任务所消耗的时间。设任务 i 的数据量为 D_i，检测任务 i 所需的 CPU 周期数为 C_i，EMIDS 的 CPU 频率为 F^{l}。通常 CPU 的周期数与检测到的数据量呈正相关，它们之间的转换关系为计算量比(CVR)，取自文献[86]。CVR 的单位是 CPU 周期数/字节，那么任务 i 的本地执行时间为 $T_i^l=C_i/F^l$，本地执行的总延迟为

$$T^{\mathrm{l}}=\frac{\sum\limits_{k\in M}\sum\limits_{i\in N}x_{ik}C_i}{F^l} \tag{4-2}$$

如果检测任务 i 被选择卸载到 EIDS 执行，从时间上可以分为三个阶段，即上传阶段、检测阶段、检测结果返回阶段。在上传阶段，任务 i 的上传数据量仍为 D_i，返回检测结果的数据量为 D_i^{dn}，检测所需的 CPU 周期数为 C_i。设 EMIDS 到 EIDS 的网络速率为 $\mathrm{NS}^{\mathrm{up}}$，则任务 i 的上传阶段所需时间为 $T_i^{\mathrm{up}}=D_i/\mathrm{NS}^{\mathrm{up}}$。对于所有卸载的任务，上传阶段的总延迟为

$$T^{\mathrm{up}}=\frac{\sum\limits_{k\in M}\sum\limits_{i\in N}x_{ik}D_i}{\mathrm{NS}^{\mathrm{up}}} \tag{4-3}$$

在 EIDS 中，设 DE 的总 CPU 时钟频率为 F^{s}，则任务 i 在检测阶段花费的时间为 $T_i^{\mathrm{d}}=C_i/F^{\mathrm{s}}$，检测阶段总延迟为

$$T^{\mathrm{d}}=\frac{\sum\limits_{k\in M}\sum\limits_{i\in N}x_{ik}C_i}{F^{\mathrm{s}}} \tag{4-4}$$

在检测结果返回阶段，设返回传输的网络速率为 $\mathrm{NS}^{\mathrm{dn}}$，则任务 i 检测结果所需的返回时间为 $T_i^{\mathrm{dn}}=D_i^{\mathrm{dn}}/\mathrm{NS}^{\mathrm{dn}}$。

对于所有卸载的任务，返回阶段的总延迟为

$$T^{\mathrm{dn}}=\frac{\sum\limits_{k\in M}\sum\limits_{i\in N}x_{ik}D_i^{\mathrm{dn}}}{\mathrm{NS}^{\mathrm{dn}}} \tag{4-5}$$

因此，任务 i 的整个卸载过程的时间为

$$T_i=\frac{D_i}{\mathrm{NS}^{\mathrm{up}}}+\frac{C_i}{F^{\mathrm{s}}}+\frac{D_i^{\mathrm{dn}}}{\mathrm{NS}^{\mathrm{dn}}}$$

对于所有卸载的任务，整个卸载过程的时间为

$$T^{\mathrm{of}}=\sum_{k\in M}\sum_{i\in N}x_{ik}\left(\frac{D_i}{\mathrm{NS}^{\mathrm{up}}}+\frac{C_i}{F^{\mathrm{s}}}+\frac{D_i^{\mathrm{dn}}}{\mathrm{NS}^{\mathrm{dn}}}\right) \tag{4-6}$$

因此，对于任务 i，卸载过程与本地执行的时间延迟差($T_i-T_i^l$)是决策引擎决定其是本地执行还是卸载执行的重要因素之一。

2. 能耗模型

在能耗方面，决策引擎只需要考虑卸载执行和本地执行哪个能耗更大，不需要考虑 EIDS 检测过程中的能耗。卸载执行的能耗是根据上传和返回过程中 DTU 的能耗来衡量的。对于任务 i，如果设 P^{up} 和 P^{dn} 分别为边缘网络层 DTU 上传任务和返回结果时的功率，则卸载过程的能耗为 $E_i=P^{\mathrm{up}}T_i^{\mathrm{up}}+P^{\mathrm{dn}}T_i^{\mathrm{dn}}$。对于所有卸载的任务，整个卸载过程的能耗为

$$E^{\mathrm{of}}=\sum_{k\in M}\sum_{i\in N}x_{ik}\left(P^{\mathrm{up}}\frac{D_i}{\mathrm{NS}^{\mathrm{up}}}+P^{\mathrm{dn}}\frac{D_i^{\mathrm{dn}}}{\mathrm{NS}^{\mathrm{dn}}}\right) \tag{4-7}$$

如果任务 i 在本地执行，则 EMIDS 的 CPU 功率为 P^{l}。在文献[86]中，将 P^{l} 建模为 CPU 频率 F^{l} 的超线性函数，因此本地执行[86]的能耗为

$$E_i^{\mathrm{l}}=P^{\mathrm{l}}T_i^{\mathrm{l}}=\xi\cdot(F^{\mathrm{l}})^{v-1}C_i \tag{4-8}$$

对于所有本地执行的任务，整个过程的能耗为

$$E^{\mathrm{l}}=\sum_{k\in M}\sum_{i\in N}x_{ik}\xi\cdot(F^{\mathrm{l}})^{v-1}C_i \tag{4-9}$$

式中，ξ 和 v 都是常数。

3. 卸载决策和优化模型

对于决策引擎，如果出现以下两种情况，则 EMIDS 检测任务将被卸载到 EIDS：

(1) 卸载执行比本地执行的时间成本和能耗成本更小；

(2) EMIDS 有丢包，而 EIDS 没有丢包。

基于此，可以将本地执行和卸载执行在时间、能耗和丢包率(Packet Loss Rate，PLR)上的差异作为决策引擎确定是否卸载任务 i 的概率，即

$$P_i^{\mathrm{of}}=\alpha_{\mathrm{t}}\frac{T_i^{\mathrm{l}}-T_i^{\mathrm{of}}}{T_i^{\mathrm{l}}}+\alpha_{\mathrm{e}}\frac{E_i^{\mathrm{l}}-E_i^{\mathrm{of}}}{E_i^{\mathrm{l}}}+\alpha_{\mathrm{p}}\frac{\mathrm{PLR}^{\mathrm{l}}-\mathrm{PLR}^{\mathrm{of}}}{\mathrm{PLR}^{\mathrm{l}}} \tag{4-10}$$

式中，α_{t}、α_{e} 和 α_{p} 分别是时间、能耗和丢包率的权重，可以根据各个因素的重要性来设定；$\mathrm{PLR}^{\mathrm{l}}$ 是 EMIDS 的丢包率，且 $\mathrm{PLR}^{\mathrm{l}}>0$；$\mathrm{PLR}^{\mathrm{of}}$ 是 EIDS 的丢包率。

对于所有任务，希望在延迟、能耗和丢包率方面具有最优的执行成本，即

$$\text{cost}=\min(\beta_t T^1+\beta'_t T^{of}+\beta_e E^1+\beta'_e E^{of}+\beta_p \text{PLR}^1+\beta'_p \text{PLR}^{of}),\ x_{ik}\in\{0,1\} \tag{4-11}$$

式中，β_t、β'_t、β_e、β'_e、β_p、β'_p分别是本地执行和卸载执行时间、能耗和丢包率的权重；PLR^{of}是EIDS上每个DE的平均丢包率。

4.3 构造马尔可夫决策过程

马尔可夫决策过程（Markov Decision Process，MDP）是一种用于顺序决策的数学模型。它的特点是在环境交互过程中可根据环境给予的奖惩不断地学习，从而修正自己的行为以获得最大的利益。本章研究的调度问题是根据网络流量的变化及时调整策略，因此需要在待检测数据包的调度决策过程中构造MDP。

MDP是一个五元组$\langle S, A, P, R, \gamma\rangle$。其中，$S$为包含所有状态的状态空间；$A$为包含所有动作的动作空间；$P$为状态转移概率矩阵；$R$为奖励函数；$\gamma$为衰减系数。下面对五元组中各项分别进行构造。

4.3.1 状态空间

对于一个待检测的任务而言，它在整个系统中的状态分为决策过程、传输过程和执行过程的状态，而执行过程又分为本地执行与卸载执行，所以状态空间S可分为多个子空间，S可定义为

$$S\overset{\text{def}}{=}\{s \mid s=(s^{dec}, s^{trs}, s^{loc}, s^{off})\} \tag{4-12}$$

式中，s^{dec}表示决策过程的子空间；s^{trs}表示被DTU传输过程的子空间；s^{loc}表示本地执行的子空间；s^{off}表示卸载执行的子空间。

如果要用一个统一的公式表示所有子空间的状态，可以将以上4个过程的子空间都视为一个带有等待队列的处理过程。一个检测任务在处理过程中可以被1个处理单元(Processing Unit，PU)处理，也可以被多个并行的**PU**处理，如果检测任务在EIDS中被多个DE处理，那么状态s可定义为

$$s=(\mathbf{PU}(D, K), \boldsymbol{B}(K), r) \tag{4-13}$$

式中，$\mathbf{PU}(D, K)$是一个向量，具有形式$(\text{pu}_{10}, \text{pu}_{11}, \cdots, \text{pu}_{1K-1}, \text{pu}_{20}, \cdots, \text{pu}_{DK-1})$，描述了多个并行的处理单元的工作状态，包括尚未分配处理任务的**PU**的分布以及正在处理任务的**PU**的状况；$\boldsymbol{B}(K)$也是一个向量，具有形式$(b_1, b_2, \cdots, b_K)$，描述了正在等待处理的检测任务的优先等级情况，也包括各种数据包的数量；r取值于集合$\{K, K-1, \cdots, 1, 0\}$，描述最后一个到达的检测任务的情况。

当队列长度的限制 b 确定以后，就可以定义一个含有所有可能状态的集合 s：

$$s=\left\{(\mathbf{PU}(D, K), \mathbf{B}(K), r)\left|\begin{array}{l}\sum_{j=0}^{K-1}\mathrm{pu}_{ij}\leqslant n_i, \sum_{k=1}^{K}b_k\leqslant b; n_{ij}, b_k\geqslant 0\\ i=1, 2, \cdots, D; j=0, 1, \cdots, K-1\\ k=1, 2, \cdots, K; r=0, 1, \cdots, K\end{array}\right.\right\} \tag{4-14}$$

4.3.2 动作空间

当有一个待检测的任务到达时，对于 CIDS 的决策引擎来说，有卸载执行还是本地执行两种选择，所以其动作集合 A 可以表示为

$$A=\{a \mid a_i=\{x_{ij}, x_{ik}\}\} \tag{4-15}$$

式中，$x_{ij}\in\{0, 1\}$；$x_{ik}\in\{1, 2, \cdots, K\}$。

当 x_{ij} 的值为"0"时，表示待检测的任务 i 在本地执行；当其值为"1"时，表示将待检测任务 i 卸载执行。x_{ik} 表示将第 i 个任务卸载到第 k 个 EIDS 进行检测。

4.3.3 状态转移概率矩阵

在本章设计的架构中，CIDS 与变化的网络环境保持互动。在每个时刻 t，CIDS 都会按照状态转移概率根据当前网络环境的状态 $s(s\in S)$选择最适当的动作 $a(a\in A)$。这个选择过程就是策略，用 π 表示策略的集合，其元素 $\pi(a|s)$是对状态 s 采取动作 a 的概率，即

$$\pi(a \mid s)=\boldsymbol{P}(A_t=a \mid S_t=s) \tag{4-16}$$

式(4-16)中的状态转移概率矩阵 $\boldsymbol{P}$ 可以表示为

$$\boldsymbol{P}=\begin{bmatrix}P_{11} & \cdots & P_{1n}\\ \vdots & \vdots & \vdots\\ P_{n1} & \cdots & P_{nn}\end{bmatrix} \tag{4-17}$$

式中，n 表示状态数量；P_{nn} 表示从状态 s_n 到状态 s'_n 的概率。

4.3.4 奖励函数

当 CIDS 选择的动作 a 作用在 $t+1$ 时刻的网络环境上时，CIDS 就可以收到一个奖惩值 $r_{t+1}(r\in R)$，并且 CIDS 会从状态 s_t 变为状态 s_{t+1}。所以，CIDS 与网络环境之间的交互就产生了一个序列 s_0，a_0，r_1，s_1，a_1，r_2，…。在这个序列中，动作选择的好坏由奖惩值体现。对于本章研究的问题，如果决策引擎决定卸载检测任务 i，那么本地执行与卸载执行在时间、能耗和丢包率方面的差值，也就是卸载执行的优势即可作为奖励值，定义如下：

$$r_{t+1}=\beta_t\frac{T_i^{\mathrm{l}}-T_i}{T_i^{\mathrm{l}}}+\beta_e\frac{E_i^{\mathrm{l}}-E_i}{E_i^{\mathrm{l}}}+\beta_p\frac{\mathrm{PLR}^{\mathrm{l}}-\mathrm{PLR}^{\mathrm{of}}}{\mathrm{PLR}^{\mathrm{l}}} \tag{4-18}$$

设 G_t 为从 t 时刻开始往后所有的有折扣的奖励的收益总和，G_t 可以表示为

$$G_t = r_t + \gamma r_{t+1} + \cdots = \sum_{k=0}^{\infty} \gamma^k r_{t+k} \tag{4-19}$$

式中，r_t 和 r_{t+1} 分别为当前和下一时刻的奖惩值；衰减系数 $\gamma \in [0, 1]$ 体现了未来的奖励在当前时刻的价值比例。

4.3.5 最优状态-动作值函数

状态-动作值函数(也称为 Q 函数)$Q_\pi(s, a)$表示在状态 s 下采取动作 a 后的累积回报期望，即

$$Q_\pi(s, a) = E_\pi[r_{t+1} + \gamma r_{t+2} + \gamma^2 r_{t+3} + \cdots \mid A_t = a, S_t = s] \tag{4-20}$$

式中，E_π 表示针对策略 π 求期望。

为了找到实现最低负载的最优策略 π^*，需要求解最优状态-动作值函数，最优状态-动作值函数是从所有策略产生的行为价值函数中，选取状态动作对 $\langle s, a \rangle$ 价值最大的函数，即

$$Q^*(s, a) = \max_\pi Q_\pi(s, a) \tag{4-21}$$

对应的贝尔曼方程为

$$Q^*(s, a) = E_\pi[r_t + \gamma \max_\pi Q^*(s_{t+1}, a_{t+1}) \mid s_t, a_t] \tag{4-22}$$

式中，s_{t+1} 代表智能体到达的下一个状态；a_{t+1} 代表下一个状态下的最佳动作。

4.4 基于深度强化学习的任务调度

4.4.1 Q-Learning 算法

Q-Learning 算法是强化学习算法中基于值的算法，使用 Q-Learning 算法的目的是使调度器学习一种实现最低延时、能耗和丢包率的策略，并能够根据在网络环境中积累的经验选择最佳的行动。在 Q-Learning 算法中用 Q 值(也就是 $Q(s, a)$)表示在某一网络状态 s 下采取动作 a 能够获得低负载(收益)的期望。所以 Q-Learning 算法将状态与动作构建成一张 Q 表来存储 Q 值，然后根据 Q 值来选取能够获得最低延时、能耗和丢包率的动作。当调度器作出决策时，只需比较状态 s 下每个动作对应的 Q 值，可以在不考虑状态 s 的后续状态的情况下，确定状态 s 下的最优策略。这个步骤可以简化决策过程。

Q-Learning 算法采用时间差分法进行更新，更新公式如下：

$$Q(s, a) \leftarrow Q(s, a) + \alpha[r + \gamma \max_{a'} Q(s', a') - Q(s, a)] \tag{4-23}$$

式中，α 为学习率。

式(4－23)在表示更新 Q 值时，选择 $Q(s', a')$的最大值，即采用 $Q(s', a')$为最大值时的动作。

在 Q-Learning 算法中，当状态和动作空间是离散的且维数不高时，可使用 Q 表储存每个状态动作对应的 Q 值；当状态和动作空间是高维连续时，往往会造成动作空间和状态空间太大。在本章中，检测的数据是携带视频、图像和声音这样高维度的连续流量的，所以有着很大且连续的状态空间和动作空间，用 Q 表储存非常困难。解决的办法是把 Q 表的更新问题变成一个函数拟合问题，通过拟合一个函数来代替 Q 表产生 Q 值，使得相近的状态得到相近的输出动作。由于深度神经网络对复杂特征的提取有很好效果，所以可以将它与 Q-Learning 算法相结合，这就是深度强化学习(Deep Reinforcement Learning，DRL)。

DRL 能够将深度学习的感知能力与强化学习的决策能力相结合，为复杂系统的感知决策问题提供解决思路。但是在实际任务中，深度学习和强化学习的结合存在较多的问题。例如，深度学习的学习过程需要大量的有监督数据，而强化学习只有环境反馈的奖励值，且该奖励值很可能存在噪声和延迟的问题，导致深度学习难以直接基于强化学习生成的经验数据进行学习和训练。此外，深度学习的训练数据之间彼此独立，而强化学习的前后状态数据之间相互关联。这些实际问题都使深度学习和强化学习难以融合，也难以充分发挥两者的各自优势。因此本章使用深度强化学习中的深度 Q 网络算法来解决以上问题。

4.4.2 基于 DQN 的任务卸载算法

基于 DQN 的任务卸载算法(简称 DQN 算法)在 2015 年被 Mnih 提出，它通过结合 Q-Learning 算法、经验回放机制以及基于神经网络生成目标 Q 值等技术，有效地解决了深度学习与强化学习融合过程中所面临的维度问题。

在本章涉及的这种状态空间和动作空间都是高维连续的情况下，可使用基于近似求解法来逼近最优状态-动作值函数：

$$Q(s, a, \theta) \approx Q^*(s, a) \tag{4-24}$$

DQN 算法的更新方式和 Q-Learning 算法的一样，如式(4－23)所示。DQN 算法的损失函数如下：

$$L(\theta) = E[(\text{Target}Q - Q(s, a, \theta))^2] \tag{4-25}$$

式中，θ 是神经网络的权重参数，为均方误差损失。

设置损失函数的目的是最小化预测 Q 值和目标 Q 值之间的差异。

DQN 算法的目标函数为

$$\text{Target}Q = r + \gamma \max_{a'} Q(s', a', \theta) \tag{4-26}$$

式(4－25)和式(4－26)都是使当前的 Q 值逼近 Target$Q$ 值。接下来求解 $L(\theta)$关于 θ

的梯度，并使用随机梯度下降(Stochastic Gradient Descent，SGD)方法更新网络参数 θ。

在式(4-24)中可以看到，预测 Q 值和目标 Q 值使用了相同的参数模型。当预测 Q 值增大时，目标 Q 值也会随之增大，这在一定程度上增加了模型振荡和发散的可能性。

为了解决该问题，本章建立了两个结构一样的卷积神经网络：一个是估计值网络(MainNet)$Q(s, a, \theta_i)$，用来评估当前状态动作对的价值函数；另一个是目标值网络(TargetNet)$Q(s, a, \theta_i^-)$，用来产生式(4-26)中的 Target$Q$。在初始时刻，本章将估计值网络的参数 θ 赋值给目标值网络的参数 θ^-；然后，根据 DQN 损失函数更新估计值网络中的参数 θ，而目标值网络中的参数 θ^- 固定不动；在经过 N 轮的迭代后，将估计值网络的参数 θ 复制给目标值网络的参数 θ^-。通过引入目标值网络，可以使一段时间内的目标 Q 值保持不变，在一定程度上降低了估计 Q 值和目标 Q 值的相关性，使震荡发散的可能性降低，提高了算法的稳定性。DQN 算法框架如图 4-2 所示。

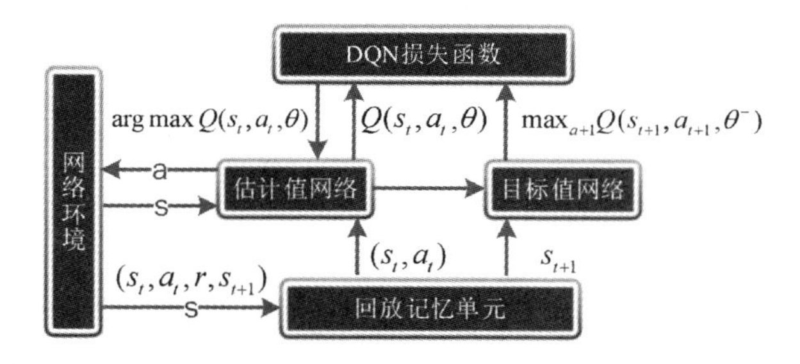

图 4-2　DQN 算法框架

另外，为了让强化学习的不独立分布的数据更接近深度学习所需要的独立同分布的数据，本章在学习过程中建立了一个“记忆库”，将一段时间内的 state、action、state_(下一时刻状态)以及 reward 存储在回放记忆单元里。在每次训练神经网络时，从回放记忆单元里随机抽取一个批次的记忆数据，这样就打乱了原始数据的顺序，可将数据的关联性减弱。

4.5 实验及结果分析

4.5.1 实验环境

本章采用 TensorFlow 对提出的架构进行实现和训练。在模拟中，使用了与文献[26]相似的实验参数设置，如表 4-1 所示。

表 4-1　实验参数设置

参　数	值
EMIDS 的 CPU 频率 F^l	10^9 周期数/s
EIDS 的 CPU 频率 F^s	10^{10} 周期数/s
上、下行链路传输速率 NS^{up} 和 NS^{dn}	10 Mb/s
上、下行链路传输功率 P^{up} 和 P^{dn}	1.2 W
EMIDS 数量	5
EMIDS 的任务数量	500
任务数据范围	1～8 MB
PU 能耗因子 ξ[26]	1.25×10^{-26}
CPU 能耗因子 v[26]	3
折扣因子 γ	0.99
编码器/解码器神经元数量	256
学习率 α	{0.0005, 0.0010, 0.0015}

实验数据由边缘网络采集的背景流量和两个数据集组成，一个是 WSN-DS 数据集，另一个是 N-BaIoT 数据集。WSN-DS 数据集中有 374 661 条流量数据，每条数据有 23 个特征。WSN-DS 数据集有四种类型的攻击，即黑洞、灰洞、泛洪和调度攻击。N-BaIoT 数据集[100]共包含 7 062 606 条恶意数据，分为两个僵尸网络，即 Mirai 和 BASHLITE。这些恶意数据是从九个商业物联网设备收集的十个攻击数据。BASHLITE 的攻击包括扫描、垃圾邮件、泛洪（TCP/UDP）和 COMBO；Mirai 的攻击包括扫描、确认、SYN、UDP 泛洪和 UDP 常见攻击。

为了验证本章所提算法的有效性，与文献[26]相似，我们将本章算法与以下几个卸载算法进行对比：

(1) 本地执行(Local Execution，LE)算法：所有任务均在本地 EMIDS 执行。

(2) 卸载执行(Offloading Execution，OE)算法：将所有任务全部卸载到 EIDS 执行，如果网速过低，可将数据在缓存中暂存。

(3) 轮询卸载(Round-Robin，RR)算法：将要卸载的任务依次按顺序卸载到边缘服务器上执行。

(4) 强化学习(RL)算法：强化学习算法不需要建立 Q 表和神经网络，只需要通过最优状态-动作值函数来实现最大的累积回报。

4.5.2 收敛性能

1. 不同学习率对奖励值收敛的影响

在调度器与网络环境的交互过程中，当深度 Q 网络根据状态选择的动作使系统获得低负载时，奖励函数将产生奖励值。奖励函数设为 $r(s, a, s')=\omega^{\mathrm{T}}s$，与状态 s 呈线性关系。奖励函数的参数 ω 可以随迭代而更新。当奖励值为正时，选择每个动作的概率会随梯度上升不断升高，这会减缓学习率。而学习率的降低，会使奖励的收敛减缓，所以确定适当的学习率非常重要。在本章实验中测试了几种不同的学习率对奖励值收敛的影响。测试结果如图 4－3 所示。

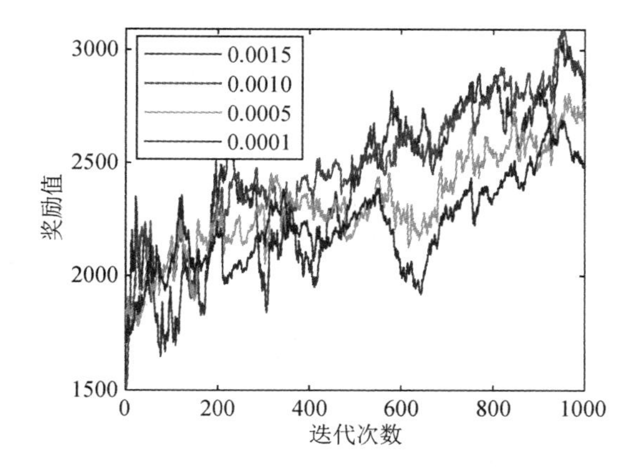

图 4－3　不同学习率对奖励值收敛的影响

在图 4－3 中可以看到，当学习率为 0.0015 时，随着迭代次数的增加，虽然偶尔能获得最大的累计奖励值，但是振幅过大且不稳定；当学习率为 0.0005 和 0.0001 时，奖励值的升高逐渐减缓，不能获得最大值，所以也不适合；只有当学习率为 0.001 时，振幅较小，奖励值的升高比较平稳，能够获得最优值。所以本章将学习率确定为 0.001。

2. 损失值

在本节实验中对本章所提算法进行了两轮共 700 次的训练，最终预测的网络模型的损失值如图 4－4 所示。

在图 4－4 中可以看出，当迭代次数超过 70 次时，损失值的波动开始增加；当迭代次数达到 300 次时，波动趋于稳定，也就是说，DQN 算法经过 300 次迭代后训练开始收敛。这主要是因为当迭代开始时，选择执行的动作对奖励值有较大的影响，所以损失值波动较大，随着迭代次数的增加，逐渐逼近最优策略，所以损失值趋于稳定。

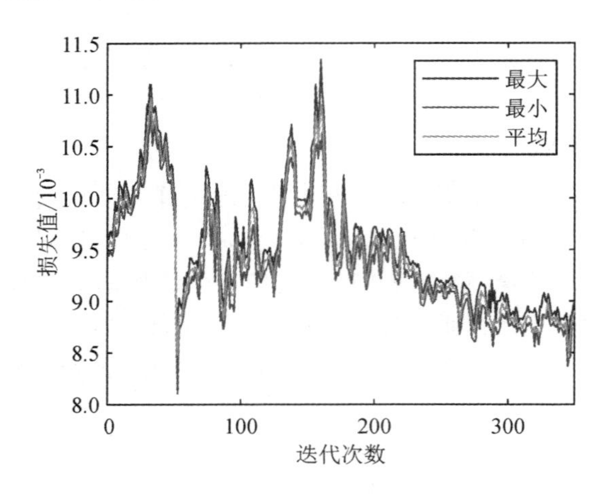

图 4-4 预测的网络模型的损失值

3. 不同算法的奖励值收敛情况

在本章实验中，将 DQN 算法与强化学习(RL)和文献[74]中的 Q-Learning(QL)算法相比较。DQN 算法的学习率被设定为 0.001，同时这三种算法对应的式(4-11)的权重系数 β_t、β_e 和 β_p 均设置为 0.33，测试上述三种算法在平衡模式(balance，用 b 表示)的表现。在图 4-5 中，三种算法分别用 RL(b)、QL(b)和 DQN(b)表示。

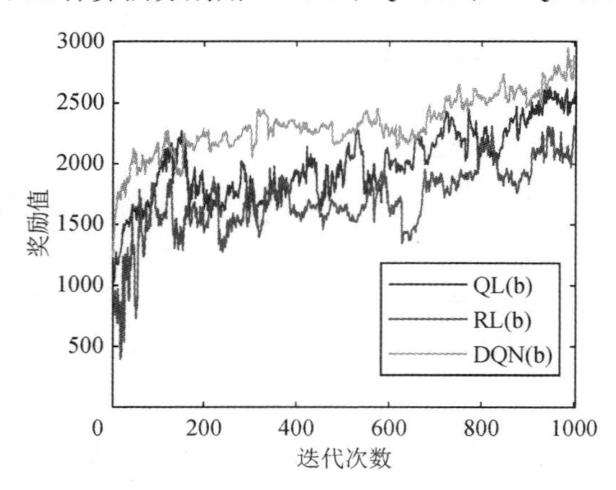

图 4-5 不同算法的奖励值收敛情况

在图 4-5 中可以看出，随着迭代次数的增加，所有算法的奖励值逐渐增高。但是 RL(b)和 QL(b)的奖励值低于 DQN(b)，而且这两种算法的奖励值振幅较大，并不稳定。这主要是因为 RL(b)和 QL(b)受到动作空间和样本空间的局限，而深度神经网络可以自动提取复杂特征，所以当状态空间和动作空间是高维连续时，DQN 算法有了更明显的优势。

4.5.3 内存占用测试

在本节实验中分别测试了使用DQN(b)、RL(b)和QL(b)三种算法时决策引擎的内存占用率，测试结果如图4-6所示。

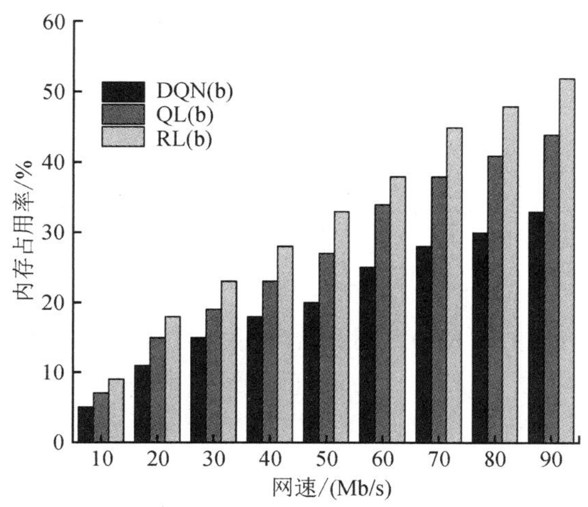

图4-6　采用三种算法的决策引擎的内存占用率对比

从图4-6可以看出，由于检测引擎检测的数据是携带视频、图像等高维度的连续流量，所以有着很大的状态空间和动作空间。因为RL和QL算法没有使用Q表，所以将状态和动作空间储存在内存中，造成内存占用率较大。DQN算法引入了经验回放机制，通过使用深度神经网络代替存储状态空间的Q表，来产生Q值，使得相近的状态得到相近的输出动作，所以DQN算法的内存占用率更低。

4.5.4 时延能耗测试

1. 不同传输速度下的时延测试

实验中的传输速度是指图4-1中两个DTU之间的传输速度。为了单纯验证RL、DQN与对比算法LE、OE、RR在时延上的差别，在本节实验中将式(4-10)的时延和能耗的权重系数分别设置为时间优先和均衡优先。时间优先的测试分别用RL(t)和DQN(t)表示，这两种方案的奖励函数的权重系数β_t设置为1，β_e和β_p分别设置为0；均衡优先的测试仍然用权重系数β_t，β_e和β_p均设置为0.33的DQN(b)。LE只测试本地执行的总时延T^l，其他算法测试本地执行和卸载执行的时延之和，即T^l+T^{of}。实验结果如图4-7所示。

从图4-7中可以看出，本地执行(LE)的时延与传输速度无关，而全部卸载执行(OE)的时延与传输速度高度相关。当传输速度较低时，OE的时延超过LE；当传输速度较高时，

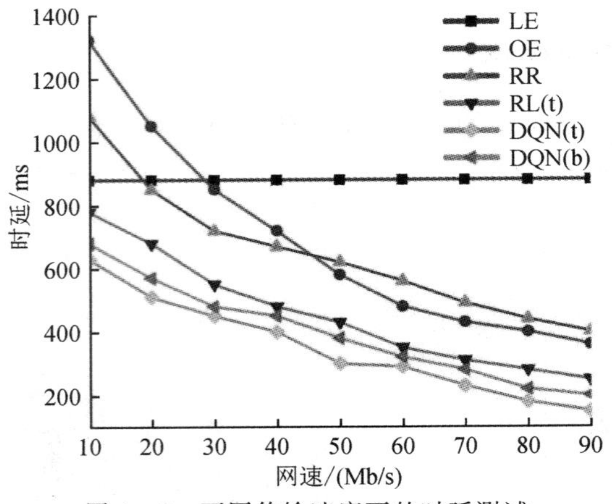

图 4-7　不同传输速度下的时延测试

OE 的时延明显降低。轮询卸载(RR)的时延在传输速度较低时高于 LE 低于 OE，在传输速度较高时要高于 OE。强化学习(RL(t))、基于深度 Q 网络算法的 DQN(t)和 DQN(b)表现较好，他们的时延始终低于前三种算法。由于 DQN(t)只关注时延的优化，所以其时延比关注平衡的 DQN(b)更低。

2. 不同传输速度下的能耗测试

本章实验中的能耗测试均指边缘设备在本地执行的能耗 E^{l}。正如式(4-8)所述，E^{l} 与 F^{l} 直接相关。为了单纯验证 DQN 与各对比算法在能耗上的差别，在实验中将式(4-18)的权重系数 β_e 设置为 1，β_t 和 β_p 分别设置为 0，形成了实验结果中的 RL(e)和 DQN(e)。LE 只测试本地执行的总能耗 E^{l}，其他算法测试本地执行和卸载执行的能耗之和，即 $E^{l}+E^{of}$，测试结果如图 4-8 所示。

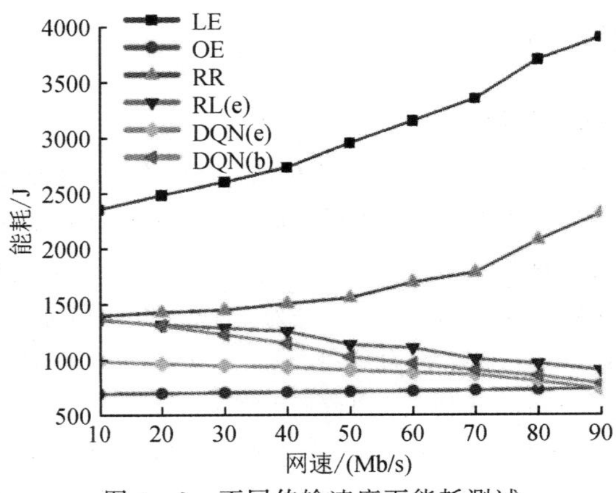

图 4-8　不同传输速度下能耗测试

从图4-8中可以看出，随着网速提升，与其他算法相比，本地执行(LE)的能耗很高，而且随网速提升和处理数据量的增加，能耗增加较快。卸载执行(OE)造成的能耗最低，但是在后文的丢包率测试中其表现最差。OE的能耗也有非常缓慢的上涨，这主要是因为随着网速的提升，DTU传输功耗的略微增大造成的。轮询卸载(RR)的能耗低于本地执行时的能耗，但是随网速提升后处理数据量的增加，能耗也在增加。RL(e)、DQN(e)和DQN(b)这三种算法随着网速的提升，将更多的流量选择卸载执行，所以能耗持续降低，其中以DQN(e)的能耗为最低。虽然它们的能耗始终高于OE，但是这三种方案在丢包率测试中的表现都强于OE。

4.5.5 安全测试

安全测试主要用来测试使用不同算法后对CIDS带来的丢包率上升的情况。丢包率是测试流量中已检测的数据包数量与所有数据包数量的比值。丢包率的上升会直接造成安全性的降低。对比算法除了前面使用的LE、OE、RR和RL算法外，还增加了Q-Learning算法。在RL、Q-Learning和RQN算法中，将权重系数全部设为均衡的0.33，这三种算法在实验中分别写为RL(b)、QL (b)和DQN(b)。其测试结果如图4-9所示。

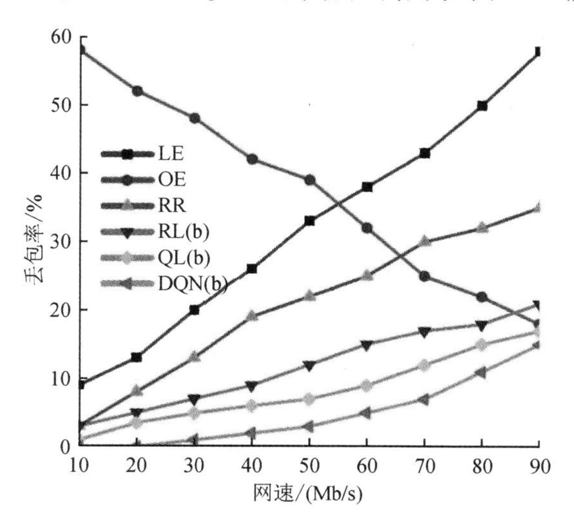

图4-9 不同传输速度下的丢包率测试

从图4-9中可以看出，随着网速的提高，EMIDS因为资源受限，本地执行处理能力严重不足，导致丢包率迅速上涨。卸载执行的丢包率则正好相反，在网速较低时，传输过程中丢失的数据较多，造成了比较高的丢包率；在网速提升后，丢包率迅速下降。轮询卸载和其他剩余算法走势基本相同，丢包率随着网速增高而提高。Q-Learning算法将状态空间和动作空间放在Q表中来存储 Q 值，系统根据 Q 值来选取能够获得最优策略的动作。所以与强化学习相比，这个步骤可以简化决策过程。但是随着网速的提升，对Q表的存储带来巨大压力。DQN通过神经网络对Q表进行拟合和替代，所以在网速提高时其优势更明显。

本章小结

针对移动边缘网络的入侵检测系统在面临较大流量时产生严重丢包的问题，本章提出一种应用于移动边缘计算的协作式入侵检测系统(CIDS)架构，该方案可将部分检测任务卸载到位于边缘服务器上性能和资源更好的入侵检测系统来进行处理。在此基础上，本章还提出一种基于深度Q网络的任务卸载调度算法，通过DQN解决Q-Learning算法中状态和动作空间过大且高维连续的问题。实验表明，本章提出的方案使系统在响应时间、能耗和丢包率等方面与对比算法相比具有优势。在本书后面的章节中将对DQN中的经验回放过程进行改进。目前的经验回放是对以往经验进行均匀采样，并存储在经验池(experience pool)中，这需要占用更多的内存。下一步我们将根据经验的重要程度进行有侧重的回放。

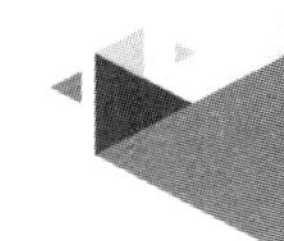

第五章　边缘计算环境下 DIDS 针对多媒体流量的识别检测方法

前几章的研究均是从宏观角度出发，从任务调度和任务卸载两个方面提出了优化方案，并未从微观角度考虑任务的数据类型。随着多媒体物联网的迅速发展，在网络边缘产生了大量的多媒体流量。这些流量的数据量大，对实时性要求高，这就对边缘网络性能受限的安全设备带来了更高的检测要求。为解决这一问题，本章从多媒体流量检测视角，提出一种边缘计算环境下分布式入侵检测系统针对多媒体流量的识别检测方法。首先，结合边缘网络的多媒体传感器特点，研究协议分析与会话分析相结合的多媒体流量识别方法；然后，使用改进后的 C4.5 决策树算法对前面几章所提方法不易识别的流量进行识别；最后，在分布式入侵检测系统(DIDS)中建立专用规则库和规则链表，对多媒体流量进行针对性检测，实现对系统性能要求低和识别率、检测率高的目标。

5.1 引　言

在云计算向边缘计算发展的同时，物联网也在向多媒体物联网演进[87]。随着摄像头、传感器和可穿戴设备的大量应用，在网络边缘产生了海量数据。如果将海量数据传送到云计算的数据中心去处理，将对网络带来巨大的压力，同时决策系统也会因为严重的网络延迟导致无法作出实时性的决策。

在网络边缘产生的大量数据中，既包括非结构化的多媒体数据(如视频、图像等)，也包括结构化数据(如温度和湿度等)，其中，多媒体数据超过了 90%，因此也称为多媒体大数据(MMBD)[87]。这些含有大量视频、音频和图像的多媒体流量已将物联网(IoT)转变为多媒体物联网(M-IoT)[88]。

虽然结构化数据易于处理，但是因为非结构化的多媒体信息的数据量大，对网络实时性要求高，所以对位于边缘节点的分布式入侵检测系统(DIDS)带来了巨大的检测负担。与其他流量(如含有控制信息的流量)相比,多媒体流量的安全性相对较高,通常 DIDS 并没有把他们分别处理,而是将每个数据包与多达数千条的规则进行模式匹配。这个过程占用了 DIDS 超过 80%的处理时间[88]。如果能将多媒体流量单独处理,将大大简化 DIDS 的模式匹配过程,这就使得通常只能依赖高性能设备的 DIDS 也有可能工作在边缘计算环境。

在该领域的研究中,美国佛罗里达大西洋大学的 MARQUES 最初提出这一设想[89],但并未给出具体解决方案。MARQUES 和 BAILLARGEON 等人也曾进行后续研究[90],但其重点主要放在对流式和非流式具体多媒体文件漏洞上的研究,在提高性能的具体方法上没有提出新的解决方案。类似的研究还有,澳大利亚莫道克大学 ZANDER 提出将机器学习技术用于防火墙的多媒体流量分类[91],为多媒体包的深度检测方法提供了参考。在 1.6.4 节介绍了现有关于边缘计算环境下多媒体流量的各类研究,他们与本章的不同之处在于没有考虑如何在性能受限的边缘设备上进行轻量级的多媒体流量的识别和处理。这些研究与本章研究内容的区别如表 5-1 所示。

表 5-1 本章研究内容与其他多媒体流量处理相关研究的比较

研究	环 境	方 法	目 标	性能指标
文献[32]	Internet	关键字匹配统计行为特征	识别基于 HTTP 协议的多媒体流量	真阳性,假阳性,假阴性
文献[34]	无线传感器网	3DCNN	图片和视频的分类	真阳性,假阳性真阴性,假阴性
文献[35]	Internet	贝叶斯网络特征挖掘	视频流识别	准确率,召回率,精度
文献[36]	Internet	分形频谱	细粒度视频流量分类	准确率,分类时间
文献[37]	软件定义网络	多媒体网关	识别多媒体流量并根据特定规则转发	平均传输率,缓存利用率
文献[92]	移动边缘计算	主动内容缓存方案	降低视频传输的延迟	无
文献[93]	边缘计算	OpenStack 多媒体服务切片	降低边云之间多媒体处理延迟	响应时间
文献[94]	边缘计算	深度强化学习	实现流媒体在边缘云进行资源调度的弹性分配	请求接受率,迁移会话数
本章研究	边缘计算	协议分析,会话分析,C4.5	识别多媒体流量并进行轻量级处理	整体识别准确率,真阳性,精度

在本书的前期研究中，曾提出网络入侵检测系统对多媒体数据包的一系列的处理方法[69, 95-96]，但是这些研究主要用于云计算，未考虑网络边缘设备计算能力受限的特点，也未对边缘网络的多媒体流量特点进行关注。所以在边缘计算环境下对多媒体流量进行轻量级的异常检测研究具有重要意义。

因此，本章研究边缘计算环境下分布式入侵检测系统针对多媒体流量的识别检测方法。本章的主要贡献如下：

(1) 根据边缘网络多媒体流量特点，提出以协议、会话分析和改进的 C4.5 决策树算法相结合的多媒体流量识别方法，并建立专用规则库和规则链表对多媒体流量进行针对性检测；

(2) 对 C4.5 算法进行了改进，避免了 C4.5 算法在性能受限设备上计算量过大的问题；

(3) 对于 C4.5 算法，通过设置节点最少样本数量和限制决策树深度并进行剪枝，避免过拟合的问题。

5.2　边缘计算环境下多媒体流量的识别

通过 1.6.4 节的分析，可以了解现有网络流量识别方法的特点，基于端口的方法基本不可用；基于深度包检测(Deep Packet Inspection，DPI)的识别方法虽然准确性高，但是计算量大，适用于非加密流量；基于机器学习的统计特征方法准确性适中，计算量不大，适用于加密流量。

为了把基于深度包检测的识别方法和基于机器学习的统计特征方法的优点结合起来，本章提出将协议分析、会话分析和机器学习相结合的多媒体流量识别方法。该方法以高准确性和低计算量为目标，首先通过协议分析和会话分析对多媒体流量进行识别，对于怀疑为多媒体流量但是用这两种方法无法识别的流量，再通过基于 C4.5 算法的统计特征法进行识别。

5.2.1　协议分析

传统的 DPI 是在对 IP 数据包的 IP 地址、端口检测的基础上增加了对应用层的协议识别、内容检测与深度解码。因为在内容检测和深度解码过程所使用的模式匹配算法的时间复杂度与检测文本的长度正相关，所以这个过程占据了检测时间的很大比例。如果再对会话中所有数据包的负载内容拼接再检测，将产生更大的时间和空间开销[84]，不适合在边缘计算环境下使用。本章提出的流量识别方法对多媒体流量采取协议分析和会话分析相结合的方式，只针对应用层的协议进行分析，这种方式具有精确识别和运算量小的特点。

在网络中，有一些协议专门被设计用来传输多媒体数据，如在网络边缘常见的网络摄像头(IP Camera，IPC)使用的 RTSP、RTP、RTCP 协议，Adobe 公司发布的 RTMP 和

HDS 协议、HLS 协议、HTTP 视频和 SIP 协议等。在协议分析过程只要找到数据包中应用层或传输层的多媒体类型信息，即可确定多媒体类型。采取协议分析的方式识别速度快，而且时间空间复杂度很低。

以 IPC 为例，IPC 的视频传输主要依赖 RTSP、RTP、RTCP 协议。RTP 的载荷格式因具体流媒体类型的不同而不同，例如，H.264 编码格式视频数据的载荷格式在 RFC 6184 中的 RTP Payload Format for H.264Video 中定义，其他流媒体数据类型由其他的 RFC 规范定义。流媒体的收、发端在传输过程中通过 RTSP 协议建立连接，将自己这一端的 QoS 等信息传递给对方。建立连接后使用 RTP 协议传输数据，并通过 RTCP 协议进行传输控制。与普通图片的会话传输不同，即使在传输同一个视频过程中，RTP 协议和 RTCP 协议也工作于不同的端口上。IPC 的视频传输协议的功能如表 5-2 所示。

表 5-2　IPC 的视频传输协议的功能

协议类型	下层协议	功　能
RTSP	TCP	发起/结束流媒体传输，交换流媒体元信息
RTP	UDP	传输流媒体数据
RTCP	UDP	对 RTP 进行控制和同步

本章通过 RTP 数据包的负载类型(PT)部分识别多媒体类型，负载类型(PT)部分标明了 RTP 负载的类型，包括所采用的编码算法、采样频率、承载通道等。除了 RTP 协议，在 RTSP 协议和 SDP(会话描述)协议中也可以识别所请求的多媒体类型特征。

如图 5-1 所示，即使 SDP 协议没有列出 Media DescrIPtion 部分，仍然可以通过前面的 Session Information 以及 RTSP 协议的 Session Name、Url 和 Content-Base 几处识别出

```
Real Time Streaming Protocol
▼ Response: RTSP/1.0 200 OK\r\n
    Status: 200
  CSeq: 2\r\n
  Date: Thu, Aug 31 2017 11:46:25 GMT\r\n
  Content-Base: rtsp://10.240.248.20:8554/raw_h264_stream.264/\r\n
  Content-type: application/sdp
  Content-length: 531
  \r\n
▼ Session Description Protocol
    Session Description Protocol Version (v): 0
  ▶ Owner/Creator, Session Id (o): - 1504179985128927 1 IN IP4 10.240.248.20
    Session Name (s): H.264 Video, streamed by the LIVE555 Media Server
    Session Information (i): raw_h264_stream.264
  ▶ Time Description, active time (t): 0 0
  ▶ Session Attribute (a): tool:LIVE555 Streaming Media v2017.07.18
  ▶ Session Attribute (a): type:broadcast
  ▶ Session Attribute (a): control:*
```

图 5-1　RTSP 协议和 SDP 协议

传输的多媒体类型。为了便于对不同类型的多媒体进行识别，我们将这些多媒体特征搜集起来建立了一个多媒体特征库，特征库中为每种多媒体类型和对应的特征建立起映射。例如，音频有 audio/mpeg、audio/ogg、G711、G712 等；视频有 video/mp4、H261、H264 等；图片有 image/jpeg、image/png 等。

5.2.2 会话分析

无论是传输图片还是视频，都是通过建立会话并使用多个数据包传输数据，如果在会话开始时就能识别出一个传输方向的某个数据包的多媒体类型，那么该会话中这个传输方向的所有数据包只要负载长度相似，都可以自动被认定为该媒体类型。

一些关于流量分类的研究将流量依据方向分为两个层面，即会话(session)和流(flow)。会话是基于五元组(源 IP，目的 IP，源端口，目的端口，传输层协议)的分类方法，流与会话的不同是前者只能是一个流向。我们使用会话分类而不使用流分类的原因是会话的表现优于流。

判断一个数据包是否与前后数据包同属于一个会话，本章采取的方法如下：

(1) 对于类似 RTP 这种自带序列号的传输协议，可以通过序列号识别，同时也会将时间戳(Timestamp)是否递增、有效载荷(PT)值和同步源标识(SSRC)值是否固定作为参考；

(2) 对于没有自带序列号的协议，可以通过在较短的时间内收集数据包的以下信息进行判断：

① 通信协议相同；

② 源地址和目的地址相同(或相反)；

③ 源端口号和目的端口号相同(或相反)；

④ 会话中数据包的长度和间隔特征相近。

如果以上条件都符合，则可以考虑这些数据包很可能属于同一个会话。

5.2.3 基于改进 C4.5 算法的流量识别

C4.5 算法是机器学习领域内的一种优秀的分类算法。与朴素贝叶斯算法相比，C4.5 算法不依赖于样本先验概率分布，可以避免因网络流样本分布变化所带来的影响。与 ID3 算法相比，C4.5 算法解决了 ID3 算法只能处理离散数据和偏向于属性值多的问题。另外，C4.5 算法还具有更好的处理效率和分类稳定性，所以适用于设备性能受限的边缘环境。经过加密的多媒体流量仍然保持了多媒体流量的传输特征，因此可以使用改进的 C4.5 算法识别被协议分析和会话分析怀疑为多媒体但是又无法确定类型的加密流量。

根据本章涉及问题，使用 C4.5 算法建立模型。设样本流量集 T 中有 n 类流量，这 n 类流量分别为 $X_i(i=1, 2, \cdots, n)$，$X_{i,T}$ 为 T 中 X_i 类元组的集合，用 $|T|$ 和 $|X_{i,T}|$ 分别表示 T 和 $X_{i,T}$ 中元组的个数，那么，对样本流量集 T 中的元组分类所需的期望信息为

$$I(T)=-\sum_{i=1}^{n}p_i\,\mathrm{lb}(p_i) \tag{5-1}$$

式中，p_i 为 T 中任意元组是 X_i 类的非零概率，用 $|X_{i,T}|/|T|$ 估值；$I(T)$是 T 的熵。

下面按照属性划分 T 中的元组。为了便于在会话中区分多媒体流量，本章将网络流属性进行了缩减，仅使用与多媒体相关的属性。表 5-3 所示为缩减后的属性及其对应单位。另外，因为测试数据集中数据包数量巨大，为了节省信息熵的计算时间，应尽快确定分裂点，同时也避免 C4.5 算法倾向属性值数目较多的属性。

表 5-3　属性及其对应单位

属　　性	单　位
平均发送数据包大小	等级
平均接收数据包大小	等级
发送接收数据比值	范围
平均数据包到达时间间隔	范围
会话持续时间	范围
会话中数据包数量	等级

表 5-4 中数据包大小的等级计算方法是按数据包最大长度将数据包分为多个等级，然后据此确定具体某个数据包的大小等级。范围的确定方法与等级类似，也是提前将所有样本属性值划分为多个范围，然后对比界定。表 5-3 中每个属性可以有多个值，例如，属性 A 有 v 个值，通过属性的值 A 就可以把 T 划分为 v 个子集$\{T_1, T_2, \cdots, T_v\}$，其中，$T_j$ 包含 T 中的元组。将$|T_j|/|T|$作为第 j 个子集的权重，可以计算出通过属性 A 划分对 T 的元组分类所需的期望信息为

$$I_A(T)=\sum_{j=1}^{v}\frac{|T_j|}{|T|}\times I(T_j) \tag{5-2}$$

$I_A(T)$越小，子集的纯度越高。通过 $I_A(T)$可以计算信息增益为

$$\mathrm{Gain}(A)=I(T)-I_A(T) \tag{5-3}$$

为了避免信息增益倾向于选择具有大量值的属性，本章除了将数值选择较多的属性(如数据包大小、发送接收比等)采用“数值范围→等级”的方式划分外，还采用分裂信息(split Information)值将信息增益规范化。分裂信息表示将样本流量集 T 划分成对应于属性 A 测试的 v 个子集产生的信息。分裂信息的定义为

$$\mathrm{split}I_A(T)=-\sum_{j=1}^{v}\frac{|T_j|}{|T|}\times \mathrm{lb}\left(\frac{|T_j|}{|T|}\right) \tag{5-4}$$

由分裂信息定义可得到信息增益率为

$$\text{GrainRate}(A)=\frac{\text{Gain}(A)}{\text{split}I_A(T)}=\frac{-\sum_{i=1}^{n}p_i\text{lb}(p_i)-\sum_{j=1}^{v}\frac{|T_j|}{|T|}\times I(T_j)}{-\sum_{j=1}^{v}\frac{|T_j|}{|T|}\times\text{lb}\left(\frac{|T_j|}{|T|}\right)} \tag{5-5}$$

5.2.4 C4.5 算法的改进与剪枝

由于 C4.5 算法使用了熵模型，在信息增益率的计算过程中需要频繁调用 log 函数，耗费了大量计算时间。为了减少在性能受限的边缘设备上的计算量，我们根据 $\text{lb}x=\ln x/\ln 2$ 和等价无穷小原理 $\ln(1+x)\approx x$，将式(5-1)、式(5-2)和式(5-4)转化为

$$I(T)=-\sum_{i=1}^{n}\frac{|X_{i,T}|}{|T|}\text{lb}\left(\frac{|X_{i,T}|}{|T|}\right)=\frac{1}{|T|\ln 2}\sum_{i=1}^{n}\frac{|X_{i,T}|\times(|T|-|X_{i,T}|)}{|T|} \tag{5-6}$$

$$I_A(T)=\frac{1}{|T|\ln 2}\sum_{j=1}^{v}\sum_{i=1}^{n}\frac{|X_{i,T}|\times(|T_j|-|X_{i,T}|)}{|T_j|} \tag{5-7}$$

$$\text{split}I_A(T)=\frac{1}{|T|\ln 2}\sum_{j=1}^{v}\frac{|T_j|\times(|T|-|T_j|)}{|T|} \tag{5-8}$$

然后，根据式(5-6)～式(5-8)，可将信息增益率简化为无对数计算的公式：

$$\text{GrainRate}(A)=\frac{\sum_{i=1}^{n}\frac{|X_{i,T}|\times(|T|-|X_{i,T}|)}{|T|}-\sum_{j=1}^{v}\sum_{i=1}^{n}\frac{|X_{i,T}|\times(|T_j|-|X_{i,T}|)}{|T_j|}}{\sum_{j=1}^{v}\frac{|T_j|\times(|T|-|T_j|)}{|T|}} \tag{5-9}$$

由于决策树算法非常容易过拟合从而导致泛化能力差，因此对于生成的决策树必须要进行剪枝。一般通过设置节点最少样本数量和限制决策树深度的方法来进行预剪枝。实现 C4.5 算法的函数中的各参数设置如表 5-4 所示。

表 5-4　参数设置

参数	描述	设置	原因
criterion	特征选择标准	熵	信息熵
splitter	特征划分点选择标准	随机	样本数据量非常大
max_depth	决策树最大深度	15	样本量多，特征多，限制深度
min_samples_split	叶节点所需的最小样本数	5	剪枝需要
class_weight	类别权重	平衡	提高小样本类别权重，防止决策树偏向大样本类别

5.3 边缘计算环境下多媒体流量的检测

对每种类型的多媒体流量，如果提前将该类型的攻击特征提取出来，并建立专用的规则库，那么在识别该类型的流量后，只需要做相应规则的检测就可以了，避免了对成千上万条规则进行模式匹配。例如，针对流媒体传输过程中 RTSP 协议的内存溢出问题，只有 1 条检测规则是针对数据包内容检测是否含有"rtsp|3A|//"和 pcre："/^http\x3a\x2f\x2f[^\n]{400}/smi"信息的。如果识别出某个传输流媒体的数据包采用了 RTSP 协议，则直接检测这一条规则就可以了。在这种情况下，多媒体规则库就可以做得非常小。而且，因为模式匹配的工作量小，所以使用性能较低的检测引擎就可以支撑 DIDS 在边缘计算环境中运行。

本章提出的边缘计算环境下分布式入侵检测系统针对多媒体流量的识别检测方法的工作流程如图 5－2 所示。在 DIDS 捕获数据包后进行协议和会话分析，判断是否为多媒体流量。对于协议和会话分析无法判定但是怀疑是多媒体流量的，使用 C4.5 算法进行判别。如果判别为多媒体流量，就对一个会话中所有的多媒体数据包做标记。无论流量是否被判定为多媒体类型，都会送入等待队列待检。为了保证会话的完整性，在调度器的指挥下，尽可能将同一个会话的数据包发往同一个检测引擎进行检验。如果不是多媒体类型，检测引擎将使用常规规则库对其进行常规检测；如果是多媒体类型，检测引擎将使用多媒体规则库进行单独检测。

5.4 实验及结果分析

5.4.1 实验数据

在实验中使用的数据由多媒体流量、NSL-KDD 数据集和 WSN-DS 数据集混合而成。NSL-KDD 数据集和 WSN-DS 数据集的相关介绍和参数详见 2.5.2 节，这里不再详述。多媒体流量是在具有大量网络摄像头、多种传感器（包括红外、温度和光敏等传感器）及少量计算机的楼层中捕获的，里面含有大量来自网络边缘的不同类型的多媒体流量。多媒体流量的主要类型如表 5－5 所示。

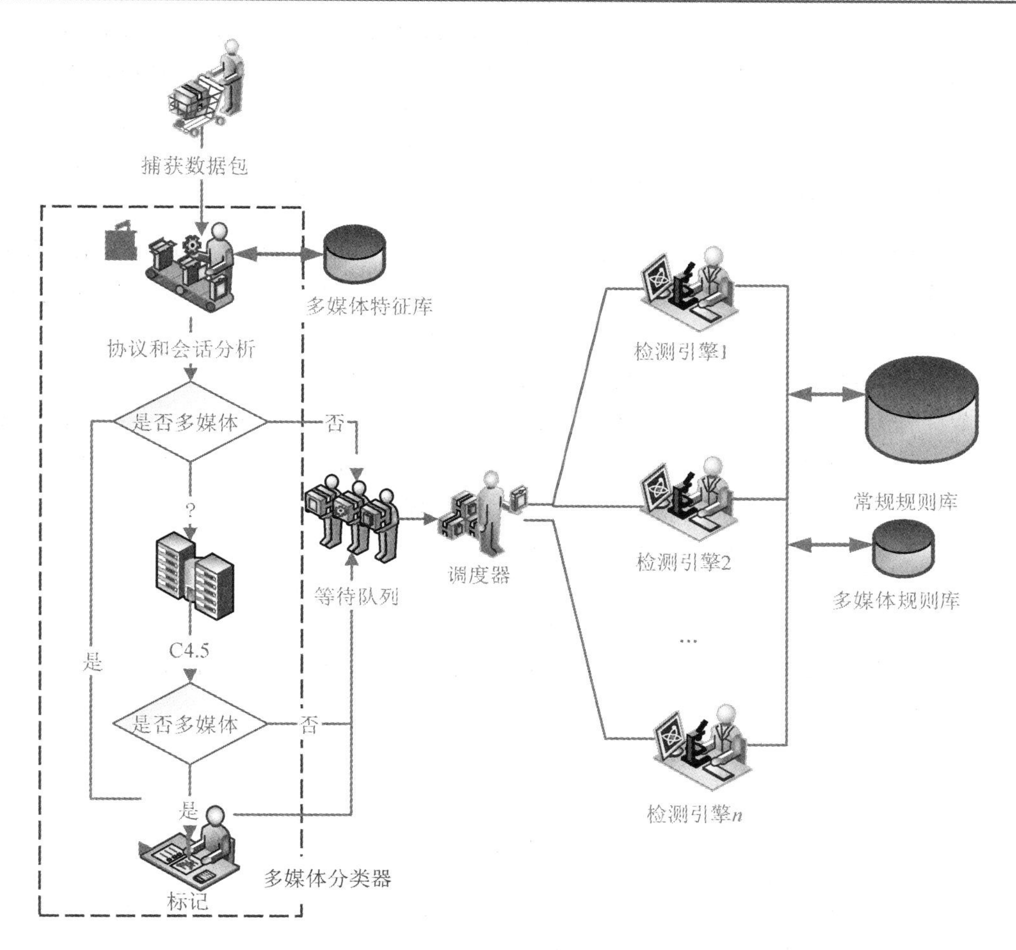

图 5-2 工作流程

表 5-5 多媒体流量类型

类型	格 式	协 议	百分比/%
音视频及相关	H.264 MP4 等	RTP、RTCP、RTSP、RTMP、HTTP、MMS、HLS、HDS 等	71.4
图片	JPG、GIF 等	HTTP	12.3
其他	—	MQTT、REST、HTTP、CoAP、DDS、XMPP 等	16.3

本章使用 CICFlowMeter 特征提取工具对上述多媒体流量进行特征提取，CICFlowMeter 将 pcap 文件生成具有 80 多个特征的 csv 文件，从中选取了与多媒体相关的属性，如表 5-3 所示。

5.4.2 实验环境和测试指标

在实验中由攻击机向测试机发送由多媒体流量、NSL-KDD 数据集和 WSN-DS 数据集组成的混合流量，发送速度可以调节。为了模拟边缘计算环境下性能受限的设备，测试机是有限处理器和内存容量的虚拟机。

测试指标包括多媒体流量识别指标和 DIDS 相关安全指标。

多媒体流量识别指标包括精度和整体识别准确率。假设测试流量中有 m 种多媒体类型，TP_i 为被正确识别为多媒体类型 i 的样本数，FN_i 为多媒体类型 i 被错误识别为其他类型的样本数，FP_i 为非多媒体类型 i 被错误识别为多媒体类型 i 的样本数，那么对多媒体类型 i 识别的精度(Precision)P_i 的计算公式为

$$P_i = \frac{TP_i}{TP_i + FP_i} \tag{5-10}$$

对流量中各类多媒体数据的识别指标可以用整体识别准确率（Overall Identification Accuracy，OIA)表示，该指标的计算公式为

$$OIA = \frac{\sum_{i=1}^{m} TP_i}{\sum_{i=1}^{m} (TP_i + FN_i)} \tag{5-11}$$

为了测试 DIDS 的正常检测功能，本章选择的测试指标是检测率。检测率是检测到的恶意特征占数据集中恶意特征总数的比例。

5.4.3 实验结果与分析

1. 多媒体流量的识别

为了检测本章提出的多媒体流量识别检测方法的效果，与现有文献中相近的 3DCNN[34]、贝叶斯网络[35]和分形频谱[36]对比多媒体流量的识别效果。表 5-6 中列出了不同的识别方法对图像、音频和视频流量的整体识别准确率，分别标记为 OIA(Image)，OIA(Audio)和 OIA(Video)，同时还有对 RTP 协议这种典型流量的识别结果。识别效果比较如表 5-6 所示。

表 5-6　识别效果比较

方 法	多媒体流量类型				
	OIA(Image)	OIA(Audio)	OIA(Video)	TP_{RTP}	P_{RTP}
协议和会话分析	93%	84%	78%	36 226	75%
改进的 C4.5	86%	87%	89%	43 472	90%
以上两种结合	98%	92%	94%	45 877	95%
3DCNN	88%	89%	90%	40 920	91%
贝叶斯网络	85%	83%	85%	40 573	84%
分形频谱	—	—	94%	46 159	95%

从表 5-6 中可以看出，协议和会话分析的方法对图像数据的识别准确率均高于改进的 C4.5、贝叶斯网络和 3DCNN。这是因为在大部分传输图像的会话开始的数据包中可以通过 HTTP 协议识别出携带的图像类型，如 content-type=image/jpeg。但是协议和会话分析方法对于视频数据的识别能力相对有限。改进的 C4.5 算法通过传输特征识别不同的多媒体流量，所以对于图像、音频和视频这三类多媒体的识别准确率区别不大。此外，可以看到 3DCNN 有良好的表现，在 OIA(Video)和 P_{RTP} 上超过了单独使用改进的 C4.5 算法。分形频谱拥有最高的 TP_{RTP}，但是它不能对图像和音频进行识别。所以，综合来看，协议和会话分析与改进的 C4.5 相结合(表 5-6 中的以上两种结合)的方法仍然有对各类多媒体最高的识别率。

2. 工作效率

下面对比不同识别方法的工作效率。直接测试每种识别方法对某一类多媒体数据的工作效率是有难度的。因为如果用未超过丢包阈值的速度发送测试流量，虽然每种方法的整体识别准确率达不到 100%，但是识别效率都是 100%；一旦发生丢包，丢包的是哪些类型的多媒体数据统计起来很麻烦；所以只能用不同方法的丢包阈值来间接反映工作效率。用不同发送速度测试的各种识别方法的丢包阈值如图 5-3 所示。

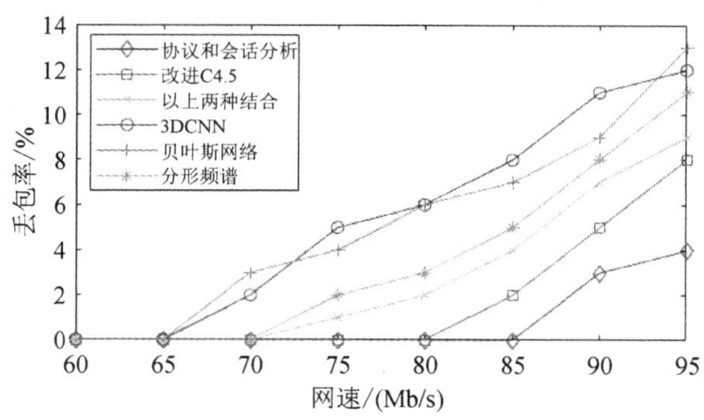

图 5-3　用不同发送速度测试的各种识别方法的丢包阈值

在图 5-3 中，丢包阈值越大的方法工作效率就越高。可以看到，因为协议和会话分析方法比较简单，所以它的工作效率最高；其次是本章提出的改进 C4.5 算法；工作效率最低的是 3DCNN 和贝叶斯网络。虽然协议和会话分析方法的工作效率最高，但是根据表 5-6 可以看出，它的整体识别率并不是最高。

3. 系统性能要求

下面来测试本章提出的对多媒体数据的多种识别方法对系统性能的不同要求，结果如表 5-7 所示。

表 5-7 多种识别方法对系统性能的不同要求

方法	指标	
	CPU 平均占用率	内存平均占用率
协议和会话分析	43%	59%
改进的 C4.5	51%	64%
以上两种结合	69%	80%
3DCNN	75%	82%
贝叶斯网络	72%	86%
分形频谱	70%	80%

从表 5-7 中的数据可看出，不同识别方法对系统性能有不同要求。协议和会话分析方法方便简单，只要找到多媒体信息即可确定多媒体类型，所以这种方法对系统性能要求最低。单独使用改进的 C4.5 算法对 CPU 和内存的平均占用率要高于前者，但低于贝叶斯网络和 3DCNN。将协议和会话分析与改进的 C4.5 相结合后(表 5-7 中以上两种结合)，对 CPU 和内存的平均占用率仍然略低于贝叶斯网络、3DCNN 和分形频谱。

所以本章提出的方法在对多媒体流量的识别率和对系统资源的占用上具有优势。

4. 检测率

为了验证本章提出的 DIDS 多媒体检测优化算法的效果，下面将多媒体流量与 NSL-KDD 和 WSN-DS 数据集混合，对 DIDS 的检测率和丢包率进行测试，并将本章所提方法与基于动态规划(Dynamic Programming，DP)[97]、混合遗传算法(Hybrid Genetic Algorithm，HGA)[67] 和 K 依赖贝叶斯网络(K-Dependent Bayesian Network，KDBN)[98] 的方案进行对比。首先使用两个数据集对比不同方案的检测率，结果如图 5-4 和图 5-5 所示。

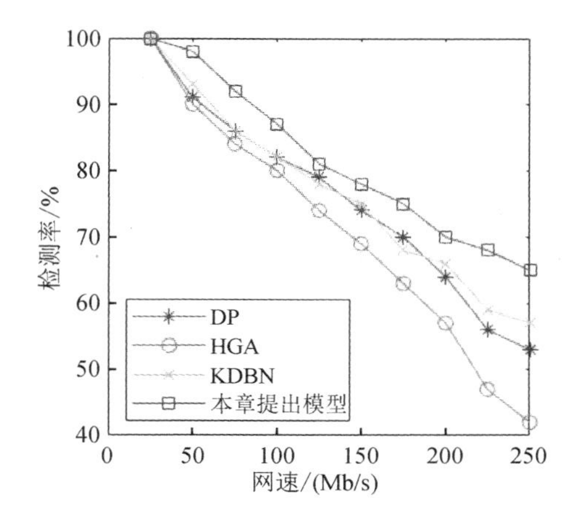

图 5－4　使用 NSL-KDD 数据集的检测率

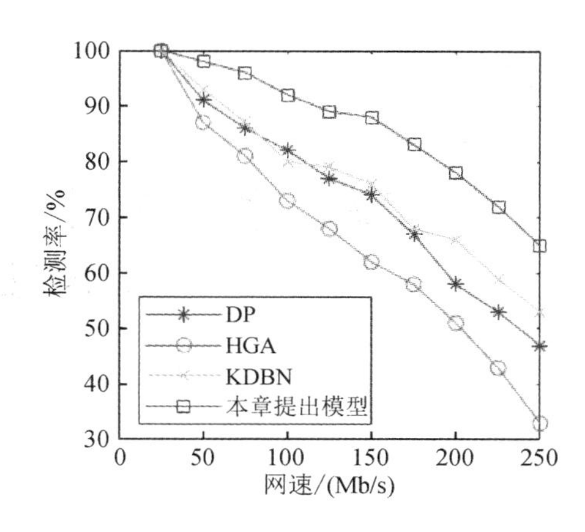

图 5－5　使用 WSN-DS 数据集的检测率

在图 5－3 和图 5－4 中，可以看到使用 2 个数据集测试后，本章所提出方法的检测率均高于其他对比算法，尤其是在网速较高时更为明显。这是因为当网速较高时，本章所提方法将占流量比例较大的多媒体数据包进行针对性检测或者放行，从而把节省出的大量系统资源用于对危险性更高的非多媒体数据包检测，所以检测率更高。HGA 方法因为时间和空间复杂度大，所以当网速高时检测率最低。另外还可以看到，在图 5－5 中各条线的间距更疏松，这可能与数据集的攻击特征数量有关。NSL-KDD 数据集中包含 148 517 个攻击特征，而 WSN-DS 数据集仅有 37 466 个，所以在 WSN-DS 数据集中各方法的检测特征有少量差别，就会在图上产生较大差异。

本 章 小 结

为了对网络边缘大量的多媒体流量进行轻量级的安全检测，本章提出一种边缘计算环境下 DIDS 针对多媒体流量的识别检测方法。将协议分析、会话分析和改进后的 C4.5 算法相结合去识别多媒体流量，并在 DIDS 中建立专用规则库和规则链表，对多媒体流量进行针对性检测。实验表明，本章所提方法能够在资源受限的边缘计算环境下帮助 DIDS 对多媒体流量进行针对性检测，且检测率指标没有降低。

第六章　基于M/M/n/m模型的自适应多媒体检测优化方案

第五章中虽然实现了对网络边缘多媒体流量的识别和检测，但是并未考虑根据待检流量多少来动态调节检测方式。当待检流量较大时，为了降低丢包率，应选择检测强度较低的处理方式。反之，当待检流量较少时，应选择检测强度较高、安全性更好的处理方式。因此，在第五章的基础上，本章研究基于M/M/n/m模型的自适应多媒体检测优化算法。该算法通过M/M/n/m模型对DIDS进行建模，并建立自适应调节处理模型，使DIDS能够根据待检队列的长度自动调节对多媒体流量的检测方式，并通过计算系统内最佳检测引擎的数量来实现运行成本的最小化。

6.1　基于排队论的建模方法

排队论(queuing theory)是研究随机服务系统工作过程的数学理论和方法。排队论可以通过对服务对象的到来及服务时间进行统计研究，根据技术指标的统计规律来改进服务系统的结构，实现技术指标的最优化。

基于第五章的研究基础建立排队模型。设DIDS内有n个检测引擎，流量按泊松流到达DIDS，单位时间内数据包的平均到达数为λ；各检测引擎独立工作，检测时间均为负指数分布，在单位时间内检测数据包的数量为μ；设定DIDS的各个检测引擎以及待检队列对数据包的容量总和为$m(m>n>1)$。如果有k个检测引擎被占用，那么待检队列中就有能容纳$m-k\mu$个数据包的空间，新到的数据包将进入待检队列等待。如果待检队列已满，那么新到的数据包将被丢弃，不进行模式匹配。所以DIDS这样的排队待检过程属于M/M/n/m混合制排队模型。

对于上述的DIDS，其状态空间可定义为$E=\{0, 1, 2, \cdots, m\}$。状态k(k也可以理解为到达的数据包数量)可分3种情况，如表6-1所示。

表 6-1　状态 k 的 3 种情况

状态	被占用的检测引擎	剩余容量	系统总检测数
$0<k<n\mu$	k/μ	$m-k\mu$	$k\mu$
$n\mu\leqslant k\leqslant m$	n	$m-n\mu$	$n\mu$
$k>m$	n	0	$n\mu$

下面对表 6-1 进行说明：

(1) 当 $0<k<n\mu$ 时，表示 DIDS 中已有 k/μ 个检测引擎被占用，剩余 $n-k/\mu$ 个检测引擎空闲，系统剩余容量为 $m-k\mu$，因为每个检测引擎在单位时间内检测数据包的数量为 μ，所以此时 DIDS 的总检测数为 $k\mu$。

(2) 当 $n\mu\leqslant k\leqslant m$ 时，意味着所有的 n 个检测引擎都被占用，新到的数据包需要在待检队列中等待，系统剩余容量为 $m-n\mu$，此时 DIDS 的总检测数为 $n\mu$。

(3) 当 $k>m$ 时，表示所有检测引擎都被占用，待检队列全满，后续到达的数据包只能被丢弃，系统剩余容量为 0，此时 DIDS 的总检测数为 $n\mu$。

从以上描述可以看出，该排队模型符合马尔可夫链的特点，在状态序列中，某一时刻状态转移的概率只依赖前一个状态，所以模型的状态流如图 6-1 所示。

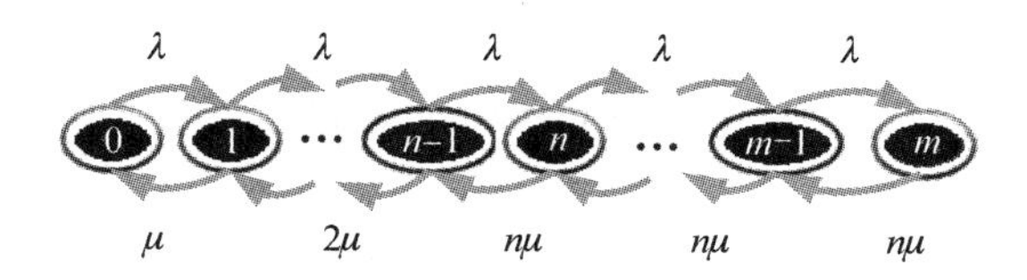

图 6-1　模型的状态流

图 6-1 也反映了各个状态的生灭过程。当 $\mu=1$ 时(即每个检测引擎单位时间内只处理 1 个数据包)，对于状态 $k(0<k<n)$，如果有新到的处理任务，可以转移到状态 $k+1$；如果状态 k 完成当前一个处理任务，可以回到状态 $k-1$，那么从 k 转移到 $k-1$ 的转移强度是 $k\mu$。

设 $\rho_k=\lambda/(k\mu)$ 为状态 $k(0<k<n)$ 下 DIDS 的负荷强度，那么 $\rho=\lambda/(n\mu)$ 表示所有检测引擎都被占用时的负荷强度，并且 $\rho_1=\lambda/\mu$，$\rho=\rho_1/n$。在 DIDS 的运行到达平衡状态后，对任一状态，单位时间内进入和离开该状态的平均次数应该相等。

设 $p_k(k=0, 1, \cdots)$ 为当 DIDS 达到平衡后的状态为 k 的概率，那么通过图 6-1 可得出 DIDS 平衡状态下的平稳分布如下：

(1) 对状态 0，因为 $\lambda p_0=\mu p_1$，所以 $p_1=\rho_1 p_0$。

(2) 对状态 n，因为 $\lambda p_n=n\mu p_{n+1}$，所以 $p_{n+1}=\dfrac{\rho_1^{n+1}}{n!\ n}p_0=\dfrac{n^n\rho^{n+1}}{n!}p_0$。

(3) 对状态 $m-1$，因为 $\lambda p_{m-1}=n\mu p_m$，所以 $p_m=\frac{\rho_1^m}{n!\ n^{m-n}}p_0=\frac{n^n\rho^m}{n!}p_0$。

这样可得出，对任何状态 k，有

$$p_k=\begin{cases}\frac{n^k\rho^k}{k!}p_0, & 0\leqslant k<n \\ \frac{n^n\rho^k}{n!}p_0, & n\leqslant k\leqslant m\end{cases} \tag{6-1}$$

由式(6-1)可以求得 DIDS 的如下技术指标：

(1) 损失概率 P_l 与检测概率 Q_d。

损失概率即超过 DIDS 最大容量 m 的概率 P_l，即

$$P_l=p_m=\frac{n^n\rho^m}{n!}p_0 \tag{6-2}$$

检测概率 Q_d 为

$$Q_d=1-p_m=1-\frac{n^n\rho^m}{n!}p_0 \tag{6-3}$$

(2) 单位时间内数据包的丢包数量 λ_l 和正在检测的数据包数量 λ_d 分别为

$$\lambda_l=\lambda\frac{n^n\rho^m}{n!}p_0 \tag{6-4}$$

$$\lambda_d=\lambda(1-p_m)=\lambda Q_d \tag{6-5}$$

(3) 被占用的检测引擎个数 L_o。

虽然 L_o 可以通过 $L_o=\sum_{k=0}^{n-1}kp_k+n\sum_{k=n}^{m}p_k$ 计算，但是推导过程比较复杂，可以通过平衡状态下 $L_o=\lambda_d/\mu$ 直接得出，即

$$L_o=\frac{\lambda}{\mu}(1-p_m)=\frac{\lambda_d}{\mu} \tag{6-6}$$

(4) 等待队列平均长度 L_w 和系统中数据包平均数 L_r。

等待队列平均长度也就是待检数据包的个数，即

$$L_w=\sum_{k=n}^{m}(k-n\mu)p_k \tag{6-7}$$

系统中数据包平均个数为待检数据包的个数和正在检测的数据包数量之和，即

$$L_r=L_w+\lambda_d \tag{6-8}$$

(5) 数据包在 DIDS 平均逗留时间 W_s 和平均排队等待时间 W_q。

根据麻省理工学院的 John Little 教授提出的利特尔法则(Little's Law)，数据包的平均逗留时间为

$$W_s=\frac{L_r}{\lambda_d}=W_q+\frac{1}{\mu} \tag{6-9}$$

平均排队等待时间 W_q 为

$$W_q=\frac{L_w}{\lambda_d}=\frac{n^n\rho^{n+1}p_0[1-(m-n+1)\rho^{m-n}+(m-n)\rho^{m-n+1}]}{n!\ (1-\rho)^2\mu[n-\sum_{k=0}^{n-1}(n-k)p_k]} \tag{6-10}$$

6.2 自适应调节处理模型

在第五章中提出的针对多媒体流量的识别检测方法能够大幅减轻检测引擎的负担。考虑到极少量多媒体数据包也可能携带其他的恶意信息，而这种恶意信息有可能不能被与这种多媒体类型所对应的检测规则所检测到。例如，一个RSTP协议的数据包虽然没有携带“rtsp|3A|”，但是携带了“http|3A|”，仍然会被DIDS作为恶意特征识别。虽然这种情况发生的概率较小，但是为了做到万无一失，本章在第五章方法的基础上提出了改进，建立了可自动调节的多媒体数据包处理模型，使DIDS能够根据等待队列长度自动调节检测引擎对多媒体数据包的处理方式。

在本章提出的多媒体数据包处理模型中，对多媒体数据包的检测方法有3种，这3种对多媒体数据包不同检测力度的处理方法分别是传统的常规检测(Conventional Detection，CD)、针对性检测(Targeted Detection，TD)(如第五章所述)和放行(Release)。当DIDS中需要检测的数据包增多并出现等待队列后，可以对多媒体数据包在这3种方法中选择适当的处理方式。本章研究发现DIDS中传统的CD方法最安全但是检测效率最低；TD方法的检测效率高，但是安全性略低于CD方法；放行方法效率最高但是安全性也最低，只有当流量过大且需要优先保证更危险的非多媒体数据包检测时才能使用。所以我们定义了两个等待队列长度 L_{w1} 和 L_{w2}，并用 L_w 表示等待队列平均长度；当 $L_w \leqslant L_{w1}$ 时，采用CD方法；当 $L_{w1}<L_w<L_{w2}$ 时，切换到TD方法；当 $L_w \geqslant L_{w2}$ 时，因为此时 L_w 接近或者已达到队列极限，所以采用放行方法。L_{w1} 和 L_{w2} 满足条件 $n\leqslant L_{w1}< L_{w2}\leqslant(m-n\mu)$。在采用CD、TD和放行方法后，在单位时间内检测引擎对多媒体数据包的平均检测数量分别是 μ_1、μ_2、μ_3，并且 $\mu_1<\mu_2<\mu_3$。在这种情况下，λ 保持不变，但是 μ 的值变为

$$\mu=\begin{cases}\mu_1,\ L_w\leqslant L_{w1}\\ \mu_2,\ L_{w1}<L_w<L_{w2}\\ \mu_3,\ L_w\geqslant L_{w2}\end{cases} \tag{6-11}$$

表6-2所示为本章提出的多媒体数据包处理模型的特点。

表 6-2 本章提出的多媒体数据包处理模型的特点

等待队列长度	选择检测方法	安全性	多媒体包检测数量	检测规则数
$L_w \leqslant L_{w1}$(短)	CD	高	μ_1(低)	多
$L_{w1} < L_w < L_{w2}$(中)	TD	中	μ_2(中)	少
$L_w \geqslant L_{w2}$(长)	放行	低	μ_3(高)	无

为了便于画出系统的状态流，假设 L_{w1} 对应 k_1，L_{w2} 对应 k_2，这时系统的状态流如图 6-2 所示。

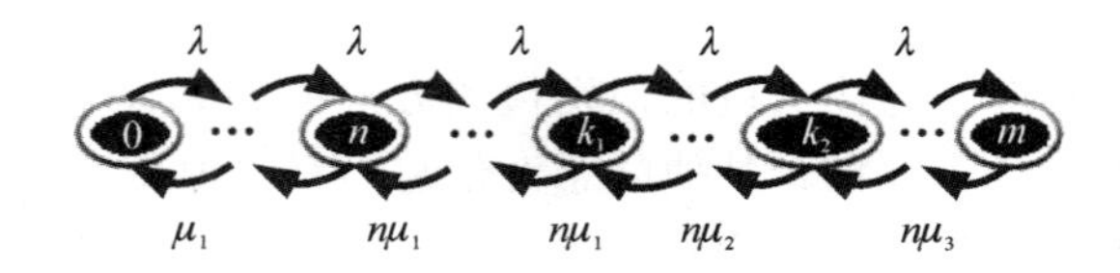

图 6-2 μ 随队长而改变的系统状态流

同时，其他的技术指标发生相应改变。例如，p_k 变为

$$p_k=\begin{cases}\left(\dfrac{\lambda}{n\mu_1}\right)^k p_0, & k\leqslant k_1\\[2ex] \dfrac{\lambda^k}{n^k\mu_1^{k_1+1}\mu_2^{k-k_1-k_3}}p_0, & k_1<k<k_2\\[2ex] \dfrac{\lambda^k}{n^k\mu_1^{k_1+1}\mu_2^{k-k_1-k_3}\mu_3^{k-k_1-k_2+1}}p_0, & k\geqslant k_2\end{cases} \tag{6-12}$$

等待队列平均长度 L_w 变为

$$\begin{aligned}L_w=&\sum_{k=n}^{k_1}(k-n\mu_1)\left(\frac{\lambda}{n\mu_1}\right)^k p_0+\sum_{k=k_1+1}^{k_2-1}(k-n\mu_2)\frac{\lambda^k}{n^k\mu_1^{k_1+1}\mu_2^{k-k_1-k_3}}p_0\\&+\sum_{k=k_2}^{m}(k-n\mu_3)\frac{\lambda^k}{n^k\mu_1^{k_1+1}\mu_2^{k-k_1-k_3}\mu_3^{k-k_1-k_2+1}}p_0\end{aligned} \tag{6-13}$$

6.3 运行成本分析及优化

模型的运行成本大致可分为两部分，即检测成本和内存占用成本。运行成本分析有多种不同的方法，这里以 DIDS 整体的运行成本计算方法为例，设 a 为每个数据包在等待队列期间所产生的成本，b 为每个数据包的检测成本，λ_d 是正在检测的数据包数量，那么

DIDS 的运行成本如下：

$$C=aL_{\mathrm{w}}+b\lambda_{\mathrm{d}}=a\sum_{k=n}^{m}(k-n\mu)p_k+b\lambda\left(1-\frac{n^n\rho^m}{n!}p_0\right) \tag{6-14}$$

除此以外，也可以用被占用的检测引擎的检测成本来简化计算，设 c 为每个检测引擎每单位时间内的检测成本，L_{o} 是被占用的检测引擎个数，则运行成本为

$$C=aL_{\mathrm{w}}+cL_{\mathrm{o}}=a\sum_{k=n}^{m}(k-n\mu)p_k+c\,\frac{\lambda}{\mu}(1-p_m) \tag{6-15}$$

运行成本分析的目的主要是实现运行成本的最小化，在式(6-14)和式(6-15)中，a、b、c 都是常量，λ 和 μ 不易控制，唯一容易改变的就是 n，所以优化的方法就是通过计算确定设置多少个检测引擎能够实现最低的运行成本。在计算过程中，式(6-14)和式(6-15)过于复杂。为了简化，可以只计算在所有检测引擎全部被占用时的成本，设 d 为每个数据包在 DIDS 内滞留期间所造成的平均成本，则运行成本为

$$f(n)=cn+dL_{\mathrm{r}} \tag{6-16}$$

L_{r} 是系统中数据包平均数，也是包含 n 的函数 $L_{\mathrm{r}}(n)$，因为展开后非常复杂，所以可采用边际分析法来求得最优设备数 n^*，即 n^* 需要满足：

$$\begin{cases}f(n^*)<f(n^*-1)\\ f(n^*)<f(n^*+1)\end{cases} \tag{6-17}$$

将式(6-16)代入式(6-17)后，可得下式：

$$\begin{cases}cn^*+dL_{\mathrm{r}}(n^*)<c(n^*-1)+dL_{\mathrm{r}}(n^*-1)\\ cn^*+dL_{\mathrm{r}}(n^*)<c(n^*+1)+dL_{\mathrm{r}}(n^*+1)\end{cases} \tag{6-18}$$

化简可得

$$L_{\mathrm{r}}(n^*)-L_{\mathrm{r}}(n^*+1)<\frac{c}{d}<L_{\mathrm{r}}(n^*-1)-L_{\mathrm{r}}(n^*) \tag{6-19}$$

在式(6-19)中，c 和 d 都是常量，代入不同的 n 值，只要 c/d 的值在$(L_{\mathrm{r}}(n^*)-L_{\mathrm{r}}(n^*+1))$和$(L_{\mathrm{r}}(n^*-1)-L_{\mathrm{r}}(n^*))$之间，就可以确定使运行成本最低的检测引擎数量。

用式(6-8)展开来计算 L_{r} 比较复杂，为了减少计算时间，也可以用下面的公式来计算：

$$L_{\mathrm{r}}=\sum_{k=0}^{m}kp_k \tag{6-20}$$

根据概率分布，很容易得出：

$$\sum_{k=0}^{m}p_k=1 \tag{6-21}$$

所以 L_{r} 很容易被计算出来。

6.4 实验结果及分析

6.4.1 实验数据

本节实验中使用的数据由多媒体流量、NSL-KDD 数据集和 CIC-IDS2018 数据集混合而成。本实验所用多媒体流量与第五章相似，主要多媒体流量类型如表 5-6 所示，这里不再详述。

考虑到 NSL-KDD 并不是最新的数据集，所以本章加入了较新的 CIC-IDS2018 数据集。该数据集是目前较新的网络异常流量数据集，包括 7 个不同的攻击场景，即蛮力攻击、Heartbleed、僵尸网络、拒绝服务攻击、分布式拒绝服务攻击、Web 攻击以及网络内部渗透。该数据集包括受害端每台机器的网络流量和日志文件，以及使用 CICFlowMeter-V3 从捕获的流量中提取的 80 个网络流量特征。

6.4.2 检测方式的自适应调节

为了验证本章所做的改进，本节实验测量 DIDS 在不同网速下的等待队长与多媒体包检测方法的变化，测试结果如图 6-3 所示。

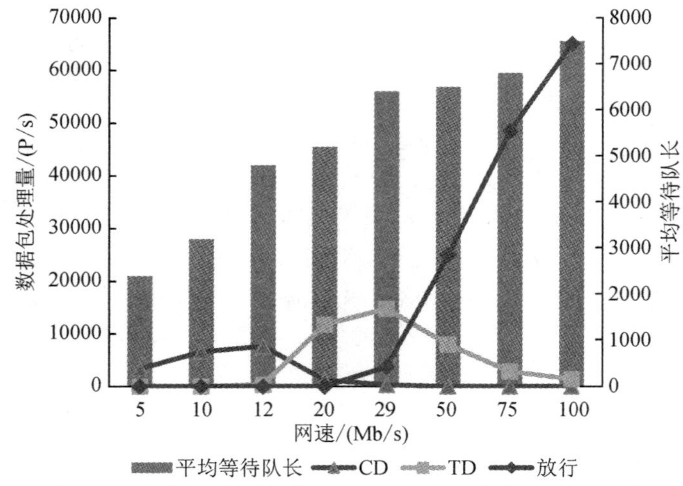

图 6-3　不同网速下等待队长与多媒体包检测方法的变化

如图 6-3 所示，在本章实验环境下测试的初始阶段，因为网速较低，数据量小，DIDS 用常规检测(CD)方法能够完全处理，所以平均等待队长不高；当网速提升到 12 Mb/s 左右时，平均等待队长迅速升高到 4800 左右（对照图右侧次纵坐标轴），此时用常规检测（CD）方法开始出现丢包，所以将 L_{w1} 设置为 4800，只要超过该长度，可选择针对性检测（TD）。随着网速的波动，在平均等待队长为 4800 附近的一定范围内，这两种检测方法将并行出现一段时间。随着网速的继续提升，待处理的数据量越来越大，平均等待队长逐渐提高，常规检测方法开始被弃用，由常规检测方法检测到的数据包数量迅速降低直至消失，而由针对性检测方法处理的数据包数量迅速提升。但是，针对性检测方法也有它的处理极限。如果单纯使用针对性检测方法，通过测试发现它的丢包阈值大约在 29 Mb/s，此时平均等待队列长度约在 6400，所以将 L_{w2} 设置为 6400，如果超过这个值，则由放行方法替换针对性检测方法。随着网速继续提升，平均等待队列长度超过 6400 的概率增加，针对性检测和放行方法相互切换，由放行方法处理的数据包数量也在迅速提升，而由针对性检测方法处理的数据包数量在网速达到 35 Mb/s 后迅速降低，直至在网速达到 100 Mb/s 后逐渐被放行方法完全取代。另外，可以看到，在每次切换处理方法后，平均等待队长的增速也都有些放缓，这主要是因为新切换的处理方法效率更高。

6.4.3 运行成本分析

为了根据式(6－19)计算最优运行成本，首先需要计算每个检测引擎单位时间内的检测成本 c，然后计算每个数据包在 DIDS 内滞留期间所造成的平均成本 d。c 用单位时间内的能耗除以处理的数据包个数的平均值(单位为焦耳/个)来表示。能耗 P 可以用已广泛被建模的与检测引擎 CPU 频率 F 相关的超线性函数[26]来计算，即

$$P=\xi\cdot(F)^{v} \tag{6-22}$$

式中，ξ 和 v 均为常数(详见参考文献[26])。

d 可以用单位时间内系统中数据包平均数 L_r 来算得平均占用的时间。

在本章实验环境中经过测算，算得 6 个检测引擎为最佳，这一结果在检测过程中的几个典型网速下进行了验证，如图 6－4 所示。

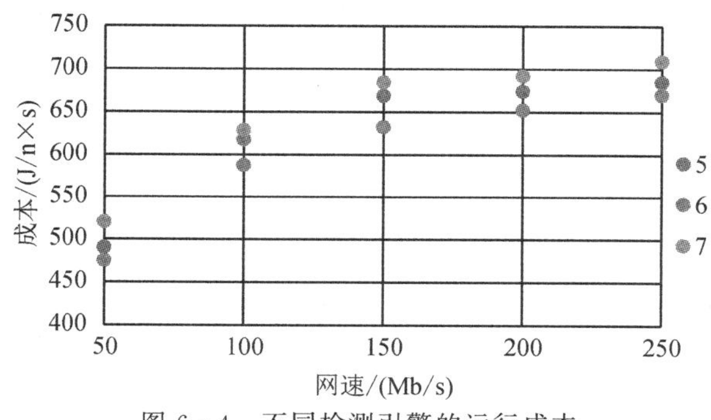

图 6－4　不同检测引擎的运行成本

由图 6 - 4 可以看到，运行成本随着网速提升而提升，这是由于处理的数据包增加而造成能耗的增加。当设置为 6 个检测引擎时，其运行成本与 5 个和 7 个检测引擎相比最低。同时还可以看到，在网速升高时，由于针对性检测和放行方法的成功运用，使运行成本的增速较低速时有所降低。

6.4.4 安全测试

安全测试主要是测试单独使用第五章的针对性检测方法和使用本章自适应调节处理模型前后的 DIDS 丢包率变化，以及使用本章模型与其他算法的丢包率对比。

首先比较单独使用针对性检测方法和本章模型的丢包率，其测试结果如图 6 - 5 所示。可以看到，针对性检测方法的丢包阈值在网速为 29 Mb/s 时出现，而本章提出的三种混合的方法的丢包阈值在网速为 75 Mb/s 时才出现，这其实也是放行方法处理效率提高的效果。

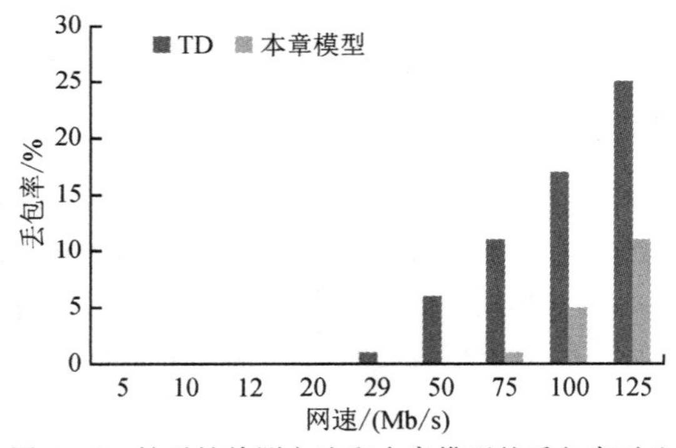

图 6 - 5　针对性检测方法和本章模型的丢包率对比

下面比较本章模型与基于动态规划(Dynamic Programming，DP)[97]、混合遗传算法(Hybrid Genetic Algorithm，HGA)[68]和 SDMMF 算法[13]的丢包率，测试结果如图 6 - 6 所示。

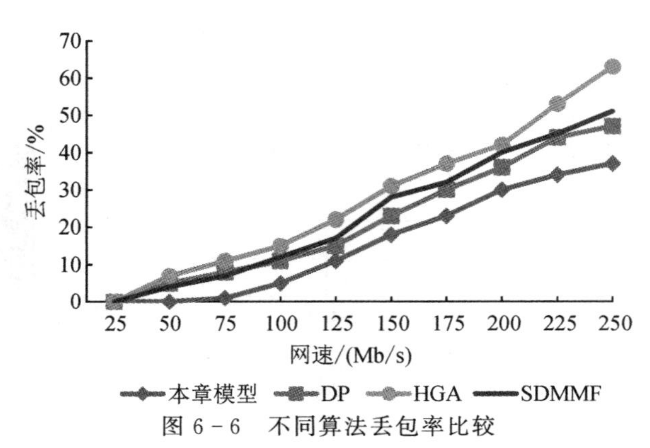

图 6 - 6　不同算法丢包率比较

在图 6－6 中可以看到，在本实验环境中各种算法出现丢包的阈值不同。DP、HGA 以及 SDMMF 算法在网速达 25 Mb/s 后出现了丢包，本章模型由于在等待队长较长时对多媒体数据使用了放行方法，在网速达 75 Mb/s 后才出现明显丢包。另外，由于每种算法的机制不同，随着网速提升，丢包率提升速度也不同。由于 HGA 算法的时间和空间复杂度较大，丢包率的上升一直高于其他算法，而且在高速阶段，丢包率上升更快，在网速达 250 Mb/s 时丢包率超过其他算法最高达 41％。DP 和 SDMMF 算法的丢包率较 HGA 算法相对较低，但仍然高于本章模型最高达 24％。

以上实验表明，本章提出的自适应调节处理模型能在最低运行成本上，有效降低丢包率。

本章小结

在第五章的研究基础上，本章通过 M/M/n/m 模型对 DIDS 进行建模，使 DIDS 能够根据待检队列的长度自动调节对多媒体流量的检测方式，并通过计算系统内最佳检测引擎数量实现运行成本的最小化。实验证明，本章所提方案能够在资源受限的边缘计算环境下用最低运行成本帮助分布式入侵检测系统对多媒体流量进行分流检测，有效降低大流量下的丢包率。

第七章　基于改进选择算子的多媒体包多线程择危处理方案

第五章和第六章的研究虽然实现了对多媒体流量的高效识别和检测方式的优化，但是并未考虑不同类型的多媒体数据有不同的危险度。入侵检测系统在流量超过其负载能力时，漏检将不可避免。此时应将有限的处理能力优先用于较危险的多媒体数据包。基于此，本章提出基于改进选择算子的多媒体包多线程择危处理模型，该模型通过最优保存策略对选择算子进行改进，避免了传统的轮盘赌选择算法使危险系数高的多媒体包在选择过程中被漏选的可能。在此基础上，本章对模型的处理流程提出改进，使每个线程内选择处理的多媒体包的危险系数总和最大，同时每个线程的处理能力还能得到充分利用。本章所提方案将有限的处理能力优先用于较危险的多媒体数据包，使这类数据包的检测率有所提高。

7.1　多线程择危处理模型

根据最新 MIME 协议，网络流量中的多媒体数据包类型多达 191 种，每种类型的危险程度都不一样。例如，octet-stream(如 exe 文件)类型的危险系数相对要高一些。根据文献[96]中对不同类型多媒体数据包危险系数的设定方法，网络入侵检测系统(Network Intrusion Detection System，NIDS)多媒体包多线程择危处理模型的定义如下：

设入侵检测系统在某时间片内捕获到 n 个多媒体包 P_1，P_2，…，P_n，这些数据包对系统带来的负载分别为 $L(P_i)\in(0, \mathrm{LT}]$，$(i=1, 2, \cdots, n)$，这些数据包的危险系数分别为 $D_k(P_i)$，$(k=1, 2, \cdots, 191; 1\leqslant i\leqslant n)$，每个线程的负载为 LT。模型将确定每个时间片内的需要检测的多媒体包的选择方案，使得进入每个线程的多媒体数据包的危险系数之和最高，同时这些数据包所带来的负载不超过每个线程的负载。

设 m 为所用线程的数目，$T(P_i)$为数据包 P_i 所装入线程的编号，S_j 为考虑了罚函数之后的 T_j 线程所装入数据包的负载之和，a 为某一线程 T_j 中所装多媒体数据包的负载之和超出线程负载时的惩罚因子[99]。由此，反映每个线程负载充分利用的目标函数为

$$
\begin{aligned}
f(x) &= m \cdot \left\{m - \sum_{j=1}^{m} S_j\right\} \\
&= m \cdot \left\{m - \sum_{j=1}^{m}\left[\sum_{T(P_i)=T_j} L(P_i) - a \cdot \max(0, \sum_{T(P_i)=T_j} L(P_i) - 1)\right]\right\}
\end{aligned}
\tag{7-1}
$$

每个线程内多媒体数据包的危险系数的目标函数为

$$
f_1(x) = \max \sum D_k(P_i),\ 1 \leqslant k \leqslant 191;\ 1 \leqslant i \leqslant n \tag{7-2}
$$

上面定义的两个目标函数实现了以下两个最优化：

(1) 实现了每个线程内选择处理的多媒体包的危险系数之和最大化；

(2) 实现了每个线程内选择处理的多媒体包对系统造成的负载恰好等于或接近该线程的最大负载能力。

则适应度函数为

$$
F(x) = \begin{cases} C_{\max} - f(x), & f(x) < C_{\max} \\ 0, & f(x) \geqslant C_{\max} \end{cases} \tag{7-3}
$$

式中，$C_{\max}$ 用来调整适应度函数取非负值。

7.2 选择算子的改进

遗传算法的遗传操作中有 3 种重要的运算，即选择、交叉和变异。选择操作是按照某种策略从种群中挑选一些个体，使它们有更多机会被遗传到下一代。常用的选择策略有比例选择、排序选择、竞技选择等。其中，比例选择是常用的一种方法，它模拟生物界中优胜劣汰的自然法则，即对生存环境适应度高的物种将有更多机会遗传到下一代，适应度低的物种遗传到下一代的机会较少。比例选择中最常用的策略有轮盘赌选择(Roulette Wheel Selection)。在文献[99]中提出的入侵检测系统多媒体包多线程择危处理模型中就采用了轮盘赌选择策略。

7.2.1 轮盘赌选择策略

轮盘赌选择策略的思想是每个个体被选中的概率取决于它的适应度 $P(x_i)$，$P(x_i)$可表示为

$$
P(x_i) = \frac{f(x_i)}{\sum_{j=1}^{N} f(x_j)} \tag{7-4}
$$

式中，$P(x_i)$是第 i 个个体 x_i 的相对适应度，也就是被选中的概率；$f(x_i)$是个体 x_i 的自

身适应度；$\sum_{j=1}^{N} f(x_j)$ 是种群中所有个体的累加适应度。

在轮盘赌选择策略中，适应度由每种多媒体包的危险系数决定，危险系数越高，被选择处理的概率就越大。因此每种多媒体包被选中的次数，也可以由期望值 $e(x_i)$表示：

$$e(x_i)=P(x_i)\times N=\frac{f(x_i)}{\sum_{j=1}^{N} f(x_j)}\times N=\frac{f(x_i)}{\sum_{j=1}^{N} f(x_j)/N}=\frac{f(x_i)}{\overline{f}} \tag{7-5}$$

式中，$\overline{f}$ 为所有类型的多媒体数据包的平均危险系数。

轮盘赌选择策略是存在问题的，因为在选择、交叉等操作中存在随机性，所以个体被选中的次数与期望值($f(x_i)/\overline{f}$)间可能存在误差，从而使得一些适应度高的个体选不上，造成群体平均适应度 $\overline{f}$ 的降低，对收敛性造成不利影响。

下面通过表 7-1 中的具体例子来演示这个问题。根据轮盘赌选择策略的实现步骤，累加所有个体的适应度(最后一个值为 48)，然后在 0～48 中产生均匀分布的随机数，接下来用随机数与累加值进行比较，第一个大于等于随机数的个体即被选中。可以看到，表 7-1 中适应度为 15(第 2 高)的 3 号个体没有被选中，其原因为随机数正好没有在 12～27 之间产生。所以这种方法有可能出现适应度高的个体被漏选的情况。

表 7-1　轮盘赌选择策略示例

个体	1	2	3	4	5
适应度	7	5	15	3	18
适应度累计值	7	12	27	30	48
随机数	32	12	9	26	41
选中的个体	5	2	3	4	5

为了解决这个问题，可以选用最优保存策略。

7.2.2 最优保存策略

为了将适应度最高的个体保留到下一代群体中，可以采用最优保存策略使这些个体不参与遗传操作，直接替换当代群体中经过交叉和变异操作后产生的适应度最低的个体。

虽然最优保存策略有可能造成局部最优个体迅速增加，以及影响多样性的问题，但是对于本章模型来说，这些问题都不重要，因为在本章模型中首先要强调的就是要保证危险系数最高的数据包一定被选择，对于多样性并无要求，所以将最优保存策略和轮盘赌选择策略相结合会发挥更好的效果。

7.3 改进后的处理步骤

结合最优保存策略，对于每个时间片内的初始多媒体包序列 $P=\{P_1, P_2, \cdots, P_n\}$，按照如下步骤处理：

(1) 对照文献[99]中对不同类型多媒体包危险系数的设定，标定每个多媒体包的危险系数为 $D(P_i)$；

(2) 找出危险系数最高的多媒体包 p^*，标定其危险系数为 $D(P)_{max}$；

(3) 将所有多媒体包按危险系数 $D(P_i)$ 由大到小排序，排序后的序列为 $P'=\{P'_1, P'_2, \cdots, P'_n\}$，其中，$D(P_{i-1})>D(P_i)>D(P_{i+1})$；

(4) 计算出该时间片中所有多媒体包的危险系数的总和：

$$\sum_{i=1}^{n} D(P_i)(i=1, 2, \cdots, n) \tag{7-6}$$

(5) 计算出每种多媒体包被选择的概率：

$$P(x_i)=\frac{D(P_i)}{\sum_{i=1}^{n} D(P_i)}(i=1, 2, \cdots, n) \tag{7-7}$$

(6) 通过轮盘赌选择算法进行 n 轮选择，并存储最后选择的多媒体包序列；

(7) 进行交叉运算和变异运算，得到新的多媒体包序列；

(8) 在新的多媒体包序列中找出危险系数最高的多媒体包 $\text{new}p^*_{max}$(其危险系数为 $\text{new}D(P)_{max}$)和危险系数最低的多媒体包 $\text{new}p^*_{min}$(其危险系数为 $\text{new}D(P)_{min}$)；

(9) 用迄今为止危险系数最高的多媒体包 p^* 的危险系数 $D(P)_{max}$ 与新的多媒体包序列中危险系数最高的多媒体包 $\text{new}p^*_{max}$ 的危险系数为 $\text{new}D(P)_{max}$ 进行比较，如果 $D(P)_{max}<\text{new}D(P)_{max}$，则以 newmp^*_{max} 作为迄今为止危险系数最高的多媒体包 mp^*，否则维持原样；

(10) 用迄今为止危险系数最高的多媒体包 p^* 替换新的多媒体包序列中危险系数最低的多媒体包 $\text{new}p^*_{min}$；

(11) 重复以上步骤，当循环次数大于最大的代数时结束，产生新的多媒体包序列；

(12) 将新的多媒体包序列按负载大小降序排列，并向系统各线程中加入多媒体包；

(13) 如线程 T_j 中所装载多媒体包的负载之和 $\sum_{i=1}^{n} L(P_i)$ 超出该线程负载能力，则将超出的多媒体数据包装到线程 T_{j+1} 中。

7.4 实验结果及分析

7.4.1 实验环境及参数

因为 KDD CUP 99 数据集较旧，所以本章测试数据由 NSL-KDD 数据集和含有大量多媒体数据包的背景流量混合而成，其中，背景流量在某局域网用 Wireshark 采集，在攻击机上用 TCPreplay 发送到测试机上。因为本章所讨论的多媒体包多线程择危处理模型主要在流量超过 NIDS 负载能力时才发挥作用，所以本节的实验全部在流量超出系统阈值情况下测试。为完成测试，首先在 NIDS 的预处理器及检测引擎中加入程序，对选中的多媒体包进行记录。根据文献[99]中对不同多媒体类型的危险系数设定，背景流量中含有的常见各类多媒体数据包信息如表 7－2 所示。

表 7－2　背景流量中常见各类多媒体数据包信息

MIME 类型	文件类型	数量	总数据量/kB	平均长度/kB	危险系数
application/octet-stream	exe、bin、rar 等	3	121	40	3.0
x-javascrIPt	js	545	33245	61	2.5
text/html	htm、html、hts 等	81	243	3	1.6
application/x-asap 等页面类	asp、aspx、jsp 等	1320	22440	17	1.6
text/xml application/xml	xml	59	708	12	1.3
image/jpeg	Jpz、jpg、jpeg 等	340	7140	21	1.5
image/gif	gif	728	728	1	1.5
x-shockwave-flash	swf、swfi	10	2250	225	1.8

图 7－1、图 7－2 和图 7－3 是对背景流量进行的分析，图 7－1 对比了不同类型多媒体文件的数量，图 7－2 对比了不同类型多媒体文件的总数据量，图 7－3 对比了不同类型多

媒体文件的平均检测长度。由图可见，在数量上，诸如 asp、aspx 等页面文件总数最多，超过 1200 个；在总数据量上，js 文件总和最大，达到 3 MB；在平均检测长度上，swf 等文件最长，平均超过 200 kB。

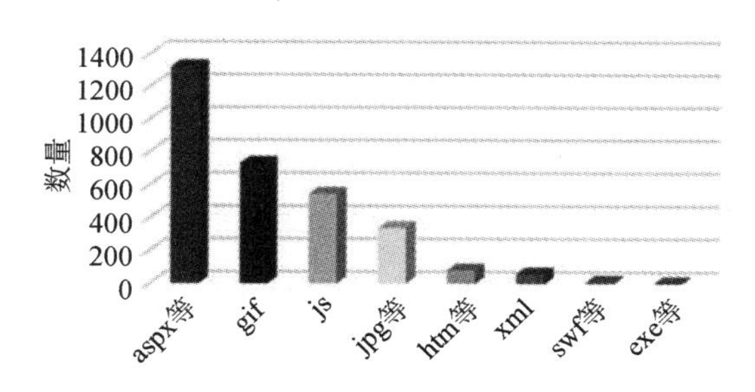

图 7－1　不同类型多媒体文件的数量

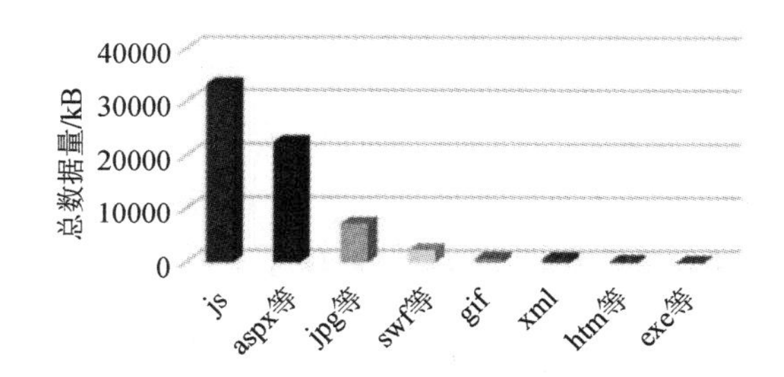

图 7－2　不同类型多媒体文件的总数据量

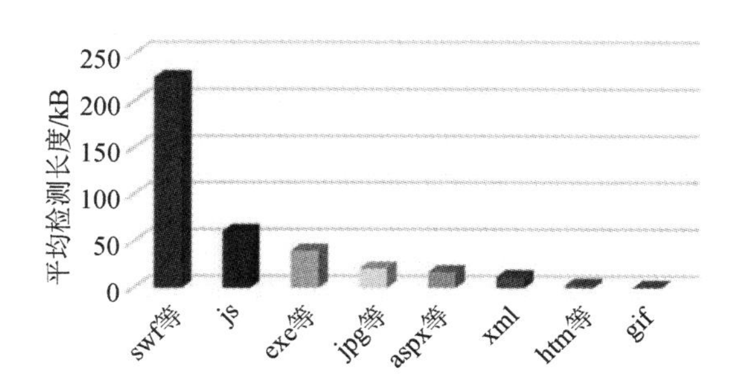

图 7－3　不同类型多媒体文件的平均检测长度

7.4.2 不同多媒体类型数据包的检测率

表 7－3 所示为不同多媒体类型数据包的检测率。在表 7－3 中可以看出，改进选择算子前后不同多媒体类型数据包的检测率发生了变化，其中危险系数较高的 exe、js、swf 类型的多媒体包，改进后的检测数较改进前明显提升，达到了全检。这主要是因为改进前的

选择算子采用轮盘赌选择策略，虽然危险系数高的类型选择概率较大，但是因为随机性问题导致一些个体未能被选择；加入最优保存策略后，能够保证这些危险系数高的个体一定被选择。

表 7-3 不同多媒体类型数据包的检测率

文件类型	总数	危险系数	改进前检测数	改进后检测数
aspx 等	1320	1.6	984	879
gif	728	1.5	659	614
js	545	2.5	539	545
jpg 等	340	1.5	325	311
htm 等	81	1.6	75	64
xml	59	1.3	56	38
swf 等	10	1.8	7	10
exe 等	3	3.0	2	3

7.4.3 不同线程内所选多媒体数据包的危险系数总和测定

图 7-4 显示了改进前后在同一时间片内不同线程内所选多媒体包的危险系数总和差异。如图 7-4 所示，尽管改进前后差异不大，但是改进选择算子后大多数线程内选择的多媒体包危险系数总和还是略高于改进前。其主要原因仍然是采用最优保存策略后危险系数高的个体的选择得到了保障。图 7-4 同时也说明，反映在每个线程内的危险系数总和的目标函数 $\max \sum D_k(P_i)$ 较改进前具有更好的收敛性。

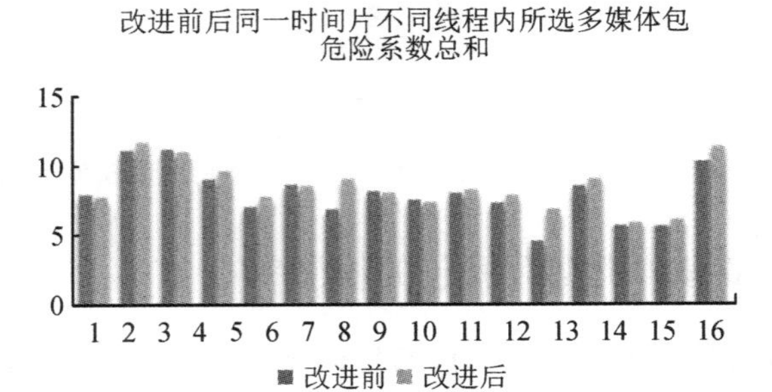

图 7-4 改进前后在同一时间片内不同线程内所选多媒体包的危险系数总和差异

本章小结

随着网速的不断提升和网络应用的增多，多媒体流量在网络中占据的比例越来越大。当网络入侵检测系统对大流量进行实时检测时，往往因为流量超过其负载能力而丢包，本书作者曾提出基于遗传算法的 NIDS 多媒体包多线程择危处理模型对多媒体流量识别并单独处理，但该方法由于使用轮盘赌选择算法而存在危险系数高的多媒体包被漏选的问题。本章在此基础上，通过最优保存策略对选择算子进行改进，并对模型提出新的处理步骤。实验中通过对改进前后不同多媒体包的检测率和不同线程内所选多媒体包危险系数总和进行对比，证实了本章的改进能有效提高对危险系数较高的多媒体包的检测率，同时目标函数的收敛性也得到加强。

第八章　基于胶囊网络的车联网入侵检测系统

在车联网中，为了应对外部的安全威胁，需要采用针对性的安全手段对其进行保护，入侵检测系统作为常见的安全措施虽然可以完成此项需求，但是，传统的入侵检测系统在面对混杂在海量数据中的恶意流量所表现出的低检测率和低效率等缺点并不能满足车联网环境下的需求，所以需要设计一种可以在车联网的复杂网络环境下检测流量属性的入侵检测系统。当前入侵检测方案大多与机器学习和深度学习相结合，本章充分考虑机器学习在面对高维数据和非线性数据时检测精度下降，以及部分深度学习算法（如 CNN）在进行特征提取时可能造成特征丢失等缺点，结合深度学习算法中的胶囊网络对入侵检测系统进行设计，以完成对车联网环境的入侵检测。

8.1　车联网入侵检测系统设计

本章根据传统入侵检测系统和深度学习的特点及胶囊网络的结构提出了一种基于胶囊网络的入侵检测系统（CapsNet-based Intrusion Detection System，CapIDS），该系统包括数据预处理模块、流量识别模块和入侵检测模块。

（1）数据预处理模块。该模块首先对待测流量进行预处理，并对其使用独热（one-hot）编码，以满足神经网络对于输入数据长度必须一致的要求，同时将待测流量转化为流量灰度图，其转换原理如下：

在以太网中，数据通常以流量包的形式进行传输并被保存为.pcap 或.pcapng 格式的文件，其中，每个数据包的大小为 64～1518 B，在网络中，流量在封装后以十六进制的 hex 编码进行传输，其范围为 00～FF，可以表示 0～255 的十进制数，满足灰度图像灰度值的区间大小。通过该方法将编码后的流量以十进制数表示，并将其灰度值填充进矩阵中，即可将网络流量转换为流量灰度图。

（2）流量识别模块。使用胶囊网络可完成流量识别模块的功能，经过数据预处理后的待测流量以流量灰度图的形式输入胶囊网络，胶囊网络是在 CNN 的基础上改进而来的，由卷积模块和胶囊模块组成，两种模块分别对应不同的功能，卷积模块负责对待测实体的初步特征进行提取，并将其转换为胶囊；胶囊模块完成对特征的聚类，通过胶囊网络所特有的动态路由机制，替代 CNN 的池化操作，避免 CNN 池化操作可能造成的特征丢失。为了取得更好的流量检测效果，本章对胶囊网络的结构进行了调整，结合多尺度卷积和残差连接对胶囊网络的卷积模块进行调整，通过多尺度卷积层和胶囊层对流量灰度图进行特征提取，使用不同大小的卷积核提取流量灰度图中不同维度的信息，并在多尺度卷积层中加入残差连接来增强特征提取效果，同时避免了网络退化问题，在卷积模块完成对流量灰度图的特征提取后，由胶囊模块的动态路由机制对特征进行聚类，在最后一次动态路由完成后，根据输出胶囊的模长完成对流量的属性检测。

（3）入侵检测模块。入侵检测是 CapIDS 对流量检测的最后一步，在胶囊网络完成对流量的属性识别后，将流量的识别结果传入入侵检测模块。该模块会根据流量属性是正常(Normal)还是攻击(Attack)来决定对检测流量是丢弃还是放行。

8.2　胶囊网络建模

胶囊网络是在 CNN 的基础上改进而来的，CNN 是当前最流行的神经网络之一，在诸如语音识别、自然语言处理、图像识别等领域都取得了巨大的成功。胶囊网络相较于 CNN 可以更好地保留目标的特征信息，它将卷积的结果抽象成胶囊，通过动态路由完成目标的特征提取。

胶囊是神经网络中由个体神经元所组成的一组神经元向量，将这些个体神经元组合在一起，就形成了一个胶囊。胶囊网络的每一层神经网络中都包含多个胶囊单元，这些胶囊单元与更高层网络的胶囊单元进行交互传递。由于其良好的分类特性，胶囊网络被应用于图像识别和一些文本分类的场景中，胶囊是一组神经元的集合，其中，每个神经元可以代表特定实体的各种属性，如图片中物体的所在位置以及方向等，而胶囊向量的模长则代表实体存在的可能性大小。

8.2.1　胶囊网络设计

本小节通过胶囊网络搭建 CapIDS 的流量识别部分，具体设计思路如下：

（1）使用多尺度卷积操作，可以更好地提取流量细节特征，结合残差连接，能学习到更多的特征信息。

（2）将卷积之后的结果作为胶囊模块的输入，通过动态路由算法完成胶囊层间的特征提取，将最终得到的胶囊模长作为系统的输出，以确定流量的属性是否为恶意流量。

在原始流量经过预处理后，分别使用不同大小的卷积核对其进行卷积操作，再通过concat()函数对其结果进行连接，再结合残差连接，丰富对特征的提取效果。在完成整合后，再次通过卷积来搭建初始胶囊层，在各级胶囊之间由动态路由机制进行胶囊间的特征传播，在最后一次的动态路由完成后，得到输出胶囊，其模长即为流量相应属性的概率。由于由流量数据转化得到的灰度图与传统图片数据间存在巨大差异，为了获得对流量更好的检测效果，本章对 Hinton 最初提出的胶囊网络的结构进行了如下调整：

(1) 原始胶囊网络的结构为卷积层、初级胶囊层和数字胶囊层所组成的浅层网络模型，针对流量数据的特殊性，本章增加了卷积层和胶囊层的层数，通过深层网络结构提升对流量的特征提取效果。

(2) 在 Hinton 最初提出的方案中，只使用了浅层 CNN 的胶囊网络，缺乏深层的特征信息，为了使浅层卷积获得更大的接受域而使用大量的大卷积核，从而使胶囊网络在复杂数据集的分类任务中表现不佳。本章充分考虑这一缺点，使用 1×1、3×3 和 5×5 的小卷积核进行多尺度卷积操作来构建胶囊网络模型的卷积层，不同大小的卷积核可以针对同一流量的不同特征进行卷积操作，并通过权重矩阵对其结果进行整合，丰富了对流量特征的提取，同时避免了使用大卷积核增加训练参数的数量而导致模型出现过拟合的现象。

多尺度卷积是指使用不同大小的卷积核，完成对同一张特征图的卷积操作，更全面地对特征图进行特征提取，丰富特征提取的效果。根据卷积后的不同大小的特征图进行上采样处理等方式，将其转换为同一尺寸的张量，本章采用 concat()函数对其进行连接处理。多尺度卷积本身并不会对原始特征图的大小做出改变，而是使用不同大小的卷积核进行卷积操作，不同卷积核分别提取不同层次的特征信息，如 1×1、3×3、5×5 的不同卷积核可对低级特征、中级特征和高级特征同时进行特征提取，提升图像的特征提取效果。

在本小节设计中，胶囊网络由卷积层和胶囊层组成，卷积层完成对流量特征的提取，通过不同大小的卷积核对输入的流量灰度图进行多尺度卷积运算，对输入数据进行特征表达。卷积过程如下：

$$Z(l+1)_1 = f \cdot (Z(l) \otimes w(l+1)_1 + b_1) \tag{8-1}$$

式中，$Z(l)$和 $Z(l+1)_1$ 分别表示卷积层的输入与 1×1 卷积输出；f 为非线性激活函数；$w(l+1)_1$ 表示 1×1 的卷积核；b_1 表示偏置。

使用 1×1 的卷积核对特征图进行卷积操作，可以在不改变特征图形状尺寸的前提下，增加它的非线性，加强卷积网络的表达能力，即

$$Z(l+1) = \text{concat}(Z(l+1)_1, Z(l+1)_2, Z(l+1)_3) \tag{8-2}$$

式中，$Z(l+1)$表示卷积层的输出；$Z(l+1)_1$、$Z(l+1)_2$ 和 $Z(l+1)_3$ 分别代表 1×1、3×3和 5×5 的卷积输出；concat()表示合并 $Z(l+1)_1$、$Z(l+1)_2$、$Z(l+1)_3$ 的连接函数。

随着神经网络模型的层级不断加深，可以对特征进行更全面的提取，CapIDS 的特征提取效果会变得更好，然而，当神经网络的层级过深时，随着计算资源的消耗，可能造成

CapIDS 的网络退化。残差连接可以对神经网络模型进行优化，其具体过程是在神经网络的不同层级进行连接，以跳过部分卷积层的方式，对卷积后得到的特征图进行修正。通过残差连接，可以避免可能造成模型的网络退化问题的出现，在此过程中，通过非线性单元对目标函数的逼近，最大程度地保留残差块的原始信息来提升信息的传播效率，优化模型的训练过程，解决网络退化问题。

为避免出现网络退化问题，本章在卷积层之间加入了残差连接，同时使用 ReLU 对神经元进行激活，其公式如下：

$$Z(l+n)=Z(l)+\sum_{i=l}^{l+n}F(Z^i, W^i) \tag{8-3}$$

式中，$F(Z^i, W^i)$ 表示第 i 层卷积网络的残差部分；W^i 表示权重。

初级胶囊层将卷积层提取到的同一位置的特征转换为胶囊，转换过程如下：

$$\boldsymbol{u}_i=g\times(\boldsymbol{M}^{(i)}\otimes\boldsymbol{w}_2+\boldsymbol{b}_2) \tag{8-4}$$

式中，$\boldsymbol{u}_i$ 表示初级胶囊层 $\boldsymbol{U}=[\boldsymbol{u}_1, \boldsymbol{u}_2, \cdots, \boldsymbol{u}_k]$ 中的第 i 个胶囊；g 表示非线性压缩函数；$\boldsymbol{M}^{(i)}$ 表示第 i 个行向量；$\boldsymbol{w}_2$ 表示转换矩阵；$\boldsymbol{b}_2$ 为偏置项。

在初级胶囊层搭建完成后，该层的所有初级胶囊通过动态路由算法激活下一层的高级胶囊，完成次级胶囊层及后续胶囊层的搭建。

在输出胶囊层经过最后一次动态路由后，对输出胶囊进行压缩，其模长大小即为流量所对应属性的概率。

8.2.2 动态路由机制

各级胶囊之间通过动态路由机制进行特征传递，动态路由机制是胶囊网络的核心所在，低级胶囊通过动态路由算法选择激活下层的高级胶囊。胶囊网络与传统 CNN 的主要区别就在于胶囊网络所特有的动态路由机制，其取代了 CNN 的池化操作，避免了 CNN 池化可能造成的特征丢失的缺陷，提升了特征提取的效果。动态路由机制通常与聚类算法相结合，动态路由的输出为输入的聚类结果，聚类算法需要多轮迭代，整个迭代的过程即为动态路由机制。图 8－1 所示为胶囊层间的动态路由过程。

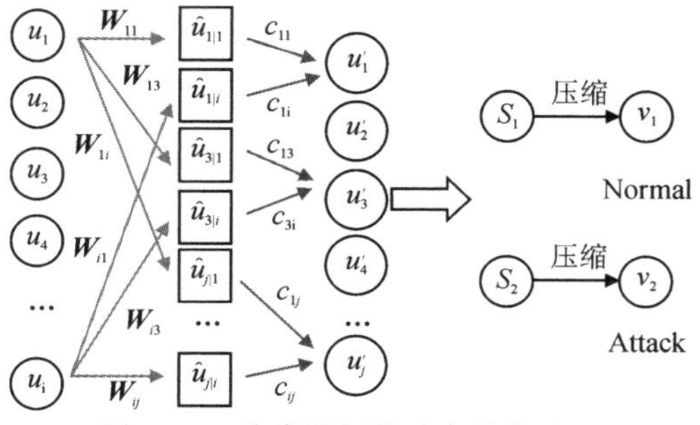

图 8－1　胶囊层间的动态路由过程

在图 8-1 中，c_{ij} 为胶囊间的耦合系数，其值越大，胶囊层之间的相关性越强；$\hat{u}_{j|i}$ 表示 l 层胶囊 i 连接到 $l+1$ 层胶囊 j 的预测向量；$\boldsymbol{W}_{ij}$ 表示 l 层权重矩阵，通过反向传播算法求得；u_i 表示 l 层胶囊 i；u_j' 表示 $l+1$ 层胶囊 j；s_k 表示下层胶囊的输出总和；v_k 表示胶囊经过压缩函数处理后的输出，其模长为实体在当前输入中出现的概率。通过胶囊与相应的权重矩阵进行运算，得到其对应的预测向量，再由预测向量和相应的耦合系数完成对下层胶囊的激活，此过程为一次胶囊层之间的动态路由。通过迭代更新以上参数，完成整个胶囊网络的动态路由，最后对胶囊进行压缩，得到胶囊的最终输出。

结合上述对输入的流量特征图进行多尺度卷积、残差连接、搭建初级胶囊层以及胶囊间的动态路由等操作，本章所设计的流量识别流程如下：

(1) 通过将待测流量以灰度图的形式作为胶囊网络的输入，并使用多尺度卷积及残差连接对其进行特征提取；

(2) 在特征提取完成后，将卷积后得到的特征映射转换为胶囊网络的初级胶囊层，使用动态路由算法完成胶囊间的特征聚类，得到输出胶囊，并根据其模长来判断待测流量的具体属性。动态路由算法的伪代码如表 8-1 所示。

表 8-1 动态路由算法的伪代码

动态路由算法

输入：预处理后的流量数据 $\boldsymbol{X}=(x_1, x_2, \cdots, x_n)$；
特征提取 $\boldsymbol{M} \leftarrow \mathrm{conv}(\boldsymbol{X})$；
初级胶囊层 $\boldsymbol{U} \leftarrow g(\boldsymbol{M})$；
先验概率置零 $b_{ij} \leftarrow 0$；
for r iterations do：
    对 $l+1$ 层所有胶囊 i：更新耦合系数：
    $c_{ij} \leftarrow \mathrm{softmax}(b_{ij})$；
    对 $l+1$ 层所有胶囊 j：计算 l 层胶囊输出总和 S_j：
    $S_j \leftarrow \sum_i c_{ij} \hat{u}_{j\|i}$；
    计算胶囊的先验概率 b_{ij}：
    $b_{ij} \leftarrow b_{ij} + \hat{u}_{j\|i} \cdot S_j$；
done
计算胶囊的输出：$v_j \leftarrow \mathrm{squash}(S_j)$；
return v_j；

8.2.3 损失函数

将 Margin 损失函数和 L2 范数相结合，作为本章的损失函数，损失函数公式如下：

$$L_k = T_k \max(0, m^+ - \|v_k\|)^2 + \lambda(1 - T_k)\max(0, \|v_k\| - m^-)^2 \qquad (8-5)$$

式中，T_k 和 $\|v_k\|$ 分别表示第 k 个目标标签和第 k 个胶囊的长度；m^+ 和 m^- 分别表示最大边距和最小边距，其值分别设定为 0.9 和 0.1；λ 是向下加权因子，其作用是防止胶囊网络的初始学习过程在网络的最后一层中收缩胶囊的输出长度，其值设定为 0.5，损失函数更新公式为

$$L = L_k + \alpha \sum_{i=0}^{n} \|w\|_2^2 \qquad (8-6)$$

式中，α 为正则化系数；w 为权值向量。

L2 范数会使得网络更倾向于使用所有输入特征而非某些特定的特征，可以提升模型的泛化能力，降低模型过拟合的风险。

8.3　实验设计与分析

本章采用 NSL-KDD 数据集对本章所提方案进行测试，用于验证本章提出的系统对于待测流量的检测效果。本章实验环境如表 8-2 所示。

表 8-2　本章实验环境介绍

环　境	参　数
操作系统	Windows10
CPU	Inter Core i7-10875
内存	16 GB
硬盘	500 GB
显卡	GTX1650
框架	Pytorch
数据集	NSL-KDD

在实验中，通过 NSL-KDD 数据集测试准确率(Accuracy，A_{cc})、召回率(Recall，R)和漏检率(Miss Rate，M_r)三种指标，并与现有的 Random Forest(RF)、LightGBM、CNN、LSTM 四种入侵检测方案进行对比。

8.3.1 数据集介绍

为了验证本章所提出方案的检测性能，采用 NSL-KDD 数据集对本章提出的方案进行了测试。NSL-KDD 数据集是 KDD′99 数据集的改进版本，改进之后的 NSL-KDD 数据集解决了 KDD′99 存在的一些问题。NSL-KDD 数据集分为训练集 KDDTrain＋、KDDTrain＋_20％和测试集 KDDTest＋、KDDTest-21 四个子数据集，本章采用了其中的 KDDTrain＋和 KDDTest＋子数据集，分别用于对本章方案的训练和测试。

下面分别从数据集特征、数据集所包含的流量种类、不同类型的流量所包含的流量类型和数量等方面对 NSL-KDD 数据集进行展开介绍。

NSL-KDD 数据集中共包含 41 种特征，具体可归纳为 4 大类，即 TCP 连接基本特征、TCP 连接内容特征、基于时间的网络流量统计特征和基于主机的网络流量统计特征，NSL-KDD 数据集的具体特征如表 8－3 所示。

表 8－3　NSL-KDD 数据集的具体特征

特征类型	特 征 名 称
TCP 连接基本特征	duration，protocol_type，service，flag，src_bytes，dst_bytes，land，wrong_fragment，urgent
TCP 连接内容特征	hot，logged_in，root_shell，su_attempted，num_root，num_file_creations，num_shells，num_compromised，num_failed_logins，num_accsee_files，is_hot_login， num_outbound_cmds，is_guest_login
基于时间的网络流量统计特征	count，srv_count，serror_rate，srv_serror_rate，rerror_rate，srv_rerror_rate，same_srv_ratediff_srv_rate，srv_diff_host_rate
基于主机的网络流量统计特征	dst_host_diff_srv_rate，dst_host_same_src_port_rate，dst_host_srv_count，dst_host_same_srv_rate，dst_host_srv_diff_host_rate，dst_host_serror_rate，dst_host_srv_serror_rate，dst_host_rerror_rate，dst_host_srv_rerror_rate ，dst_host_count

NSL-KDD 数据集中包含了 4 种异常类型流量，分别为 DoS、Probe、U2R、R2L，加上正常流量(Normal)在内共有 5 种类型流量。对于 NSL-KDD 数据集中各类流量的详细介绍如表 8－4 所示。

表 8-4　NSL-KDD 数据集中各类流量的详细介绍

流量类型	攻击方式
Normal	正常流量，无攻击性
DoS(Denial-of-Service)	通过攻击网络带宽或主机，以致所有可用的主机操作系统资源或网络资源被占用，无法处理正常用户的连接请求，向其提供服务
Probe(Surveillance and probe)	针对特定目标节点进行扫描或进行监视，达到对话监听甚至伪造信息，发动 ARP 欺骗、进行中间人攻击的目的
U2R(User to Root)	未授权的本地超级用户特权访问，对被攻击节点进行越权访问，获取节点的敏感信息
R2L(Remote to Local)	来自远程主机节点的未授权访问，即远程主机对节点进行入侵的行为

NSL-KDD 数据集包含 39 种攻击类型，可归纳为以上 4 种异常类型，NSL-KDD 数据集流量的具体分类如表 8-5 所示。

表 8-5　NSL-KDD 数据集流量的类型

流量类型	含　义	所包含流量种类
Normal	正常流量	normal
DoS	拒绝服务攻击	back，neptune，smurf，teardrop，land，pod，apache2，mailbomb，processtable，udpstorm
Probe	端口扫描或监视	satan，portsweep，IPsweep，nmap，mscan，saint
U2R	未授权的本地超级用户特权访问	rookit，bufferoverflow，perl，ps，xterm，sqlattack，httptunnel，loadmodule
R2L	来自远程主机的未授权访问	warezmaster，warezclient，ftpwrite，guesspassword，imap，multihop，phf，spy，sendmail，worm，named，snmpgetattack，snmpguess，xclock，xsnoop

在 NSL-KDD 数据集的训练集和测试集中，各种类型流量的样本数量如表 8-6 所示。

表 8-6　NSL-KDD 数据集各类型流量的样本数量

标 签	训 练 集	测 试 集
Normal	67 345	9711
DoS	45 926	7458
Probe	11 655	2421
U2R	52	200
R2L	995	2754

为了满足深度学习和神经网络的输入要求，需要对数据进行预处理。本章对 NSL-KDD 数据集的处理主要是将数据特征进行转换和归一化。

(1) 将 NSL-KDD 数据集中的 protocol_type、service、flag 三种离散型字符变量分别进行编码，将其转换为数字标识；

(2) 考虑到不同评价指标具有不同的量纲，会影响到数据分析的结果，为了消除这些指标相互之间的量纲影响，使用归一化对数据集进行处理，特征归一化是深度学习中常用的处理数据的方法，应用于大多数神经网络的算法中，影响神经元的激活和权值更新；

(3) 使用独热(one-hot)编码将 NSL-KDD 数据集中的每条数据分别扩充到 121 维，以满足本章方案的需求。

8.3.2 实验评价指标

为了使本章方案在 NSL-KDD 数据集的测试过程中更直观地展现效果，采用 A_{cc}、R 和 M_r 作为评价指标，其计算公式如下：

$$A_{cc}=\frac{\mathrm{TP}+\mathrm{TN}}{\mathrm{TP}+\mathrm{TN}+\mathrm{FP}+\mathrm{FN}} \tag{8-7}$$

$$R=\frac{\mathrm{TP}}{\mathrm{TP}+\mathrm{FN}} \tag{8-8}$$

$$M_r=\frac{\mathrm{FN}}{\mathrm{TP}+\mathrm{FN}} \tag{8-9}$$

式中，TP(True Positive)表示被模型预测为正类的正样本；TN(True Negative)表示被模型预测为负类的负样本；FP(False Positive)表示被模型预测为正类的负样本；FN(False Negative)表示被模型预测为负类的正样本。

可使用混淆矩阵计算上述指标，二分类的混淆矩阵可以表示真实值和预测值之间的数量关系，通过混淆矩阵对结果的展示，可以直观地看出模型在 NSL-KDD 数据集下的具体表现，表 8-7 所示为二分类混淆矩阵的具体形式。

表 8-7　二分类混淆矩阵的具体形式

预测值	真实值	
	正常(Normal)	攻击(Attack)
正常(Normal)	TP	FP
攻击(Attack)	FN	TN

8.3.3 模型训练

本章采用 Pytorch 作为深度学习框架搭建系统，并使用自适应矩估计(Adaptive Moment Estimation，Adam)优化算法在 GTX1650 上进行训练，初始学习率设置为 0.001，并采用指数衰减调整学习率的策略，实验共进行了 5 轮训练，一次训练选取的样本数为 64。

Adam 优化算法结合了 AdaGrad 和 RMSProp 两种优化算法的优点，适合于解决含大规模数据和参数的优化问题。对梯度的一阶矩估计(即梯度的均值)和二阶矩估计(即梯度的未中心化的方差)进行综合考虑，计算出更新步长。Adam 优化算法的具体运算步骤如下：

(1) 计算梯度：

$$g_t = \nabla_\theta \hat{L}(\theta_t) \tag{8-10}$$

式中，g_t 为 t 时刻的梯度；$\hat{L}$ 为损失函数；θ_t 为 t 时刻的参数向量；梯度的值即为损失函数 $\hat{L}$ 对 θ_t 求偏导的结果。

(2) 计算一阶矩估计：

$$m_t = \beta_1 m_{t-1} + (1-\beta_1) g_t \tag{8-11}$$

式中，m_t 为 t 时刻梯度在动量形式下的一阶矩估计；β_1 为一阶矩估计的指数衰减速率，控制动量和当前梯度的权重分配。

(3) 计算二阶矩估计：

$$v_t = \beta_2 v_{t-1} + (1-\beta_2) g_t^2 \tag{8-12}$$

式中，v_t 为 t 时刻梯度在动量形式下的二阶矩估计；β_2 为二阶矩估计的指数衰减速率。

(4) 计算偏差纠正后的一阶矩估计：

$$\hat{m}_t = \frac{m_t}{1-\beta_1^t} \tag{8-13}$$

式中，$\hat{m}_t$ 为偏差纠正后的一阶矩估计；β_1^t 为 β_1 的 t 次方。

(5) 计算偏差纠正后的二价矩估计：

$$\hat{v}_t = \frac{v_t}{1-\beta_2^t} \tag{8-14}$$

式中，$\hat{v}_t$ 为偏差纠正后的二阶矩估计；β_2^t 为 β_2 的 t 次方。

（6）计算更新后的参数向量：

$$\theta_{t+1}=\theta_t-\alpha\cdot\frac{\hat{m}_t}{\sqrt{\hat{v}_t}+\varepsilon} \tag{8-15}$$

式中，θ_{t+1} 为更新后的参数向量；α 为步长；ε 为常数，$\varepsilon=10^{-6}$。

Adam 优化算法的伪代码如表 8-8 所示。

表 8-8　Adam 优化算法的伪代码

Adam 优化算法
Require：步长 α(默认为 0.001) 　　矩估计的指数衰减速率分别为 β_1 和 β_2 　　常数 ε 　　初始参数 θ_0 初始化一阶矩向量和二阶矩向量，置 0：$m_t\leftarrow 0$；$\hat{v}_t\leftarrow 0$ 初始化时间步长 $t\leftarrow 0$ while 没有达到停止准则 do： 　　从训练集选取 m 个批量数据$\{x^{(1)}, x^{(2)}, \cdots, x^{(m)}\}$，对于目标为 $y^{(i)}$ 　　计算梯度：$g\leftarrow\frac{1}{m}\nabla_\theta\Sigma_i\hat{L}(f(x^{(i)};\theta), x^{(i)})$ 　　$t\leftarrow t+1$ 　　更新未修正偏差的一阶矩估计：$m_t\leftarrow\beta_1 m_{t-1}+(1-\beta_1)g_t$ 　　更新未修正偏差的二阶矩估计：$v_t\leftarrow\beta_2 v_{t-1}+(1-\beta_2)g_t^2$ 　　修正偏差后的一阶矩估计：$\hat{m}_t\leftarrow\frac{m_t}{1-\beta_1^t}$ 　　修正偏差后的二阶矩估计：$\hat{v}_t\leftarrow\frac{v_t}{1-\beta_2^t}$ 　　计算更新：$\Delta\theta\leftarrow-\alpha\cdot\frac{\hat{m}_t}{\sqrt{\hat{v}_t}+\varepsilon}$ 　　应用更新：$\theta\leftarrow\theta+\Delta\theta$ end while

为满足深度学习及本章所提方案的输入要求，首先将预处理后的 NSL-KDD 数据集转换成(11，11，1)的张量，将其输入到胶囊网络中进行模型训练，通过相应的卷积操作和动态路由等运算，得到胶囊模块的输出张量大小为(2，1)，其中，2 和 1 分别对应 Normal、Attack 两种流量属性，Normal 表示检测结果为正常的流量，而 Attack 则表示检测结果为异常的流量，根据输出胶囊的模长即可确定流量检测结果。

图 8-2 所示为 CapIDS 在 NSL-KDD 数据集上的训练结果，实验共进行了 5 轮迭代。

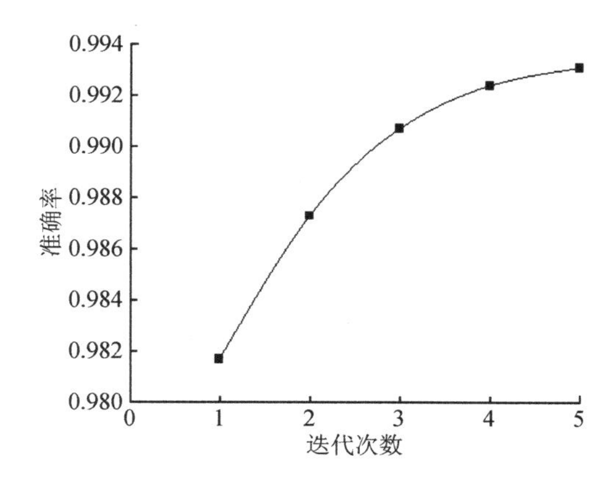

图 8-2　CapIDS 在 NSL-KDD 数据集上的训练结果

从图 8-2 中可以看出，CapIDS 的检测准确率随着训练迭代次数的增加而增大，在短时间内就达到了较高的准确率，同时，随着训练轮数的增加，准确率的增长逐渐平缓，在第 5 次迭代时达到峰值。在训练过程中，并未出现过拟合现象，说明本章提出的 CapIDS 的泛化性相对较好。

8.3.4　实验结果与分析

为了能够更加直观的测试本章提出的 CapIDS 性能，本章首先使用混淆矩阵观察 CapIDS 对于 NSL-KDD 数据集的待测流量属性的检测效果；其次，使用 R 和 M_r 两种指标与当前结合其他算法的入侵检测方案进行了比较，其中包括机器学习和深度学习在内的 4 种方法，分别为采用了 RF、LightGBM、CNN、LSTM 算法的入侵检测方案。图 8-3 描述了本章提出的 CapIDS 在 NSL-KDD 数据集下的检测结果混淆矩阵。

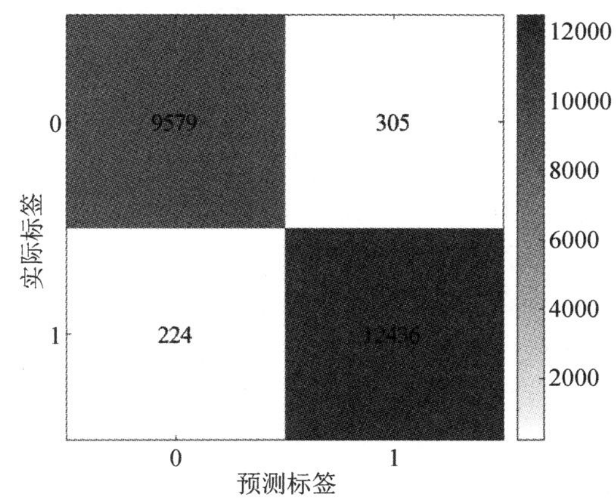

图 8-3　CapIDS 流量检测结果混淆矩阵

从图8-3中可以看出，CapIDS在NSL-KDD数据集上表现良好，此外，本章对比了结合RF，LightGBM，CNN和LSTM算法的四种入侵控测方案，表8-9所示为五种算法在NSL-KDD数据集上的实验对比结果。

表8-9 实验对比结果

算法	$R/\%$	$M_r/\%$
RF	96.73	3.1
LightGBM	94.56	3.2
CNN	96.35	3.5
LSTM	97.23	2.4
CapIDS	97.71	2.3

结合图8-2、图8-3和表8-9可以看出，CapIDS算法在训练过程中，并未出现过拟合现象，模型的泛化性相对较好。从表8-9中可以看出各个方案在NSL-KDD数据集上的具体表现，其中，CapIDS的召回率为97.71%，高于其他入侵检测方案，漏检率为2.3%，低于其他方案；在对比方案中，表现最好的是结合LSTM算法的入侵检测方案，其召回率达到了97.23%，略低于CapIDS，其漏检率为2.4%，与CapIDS相近。从实验结果来看，CapIDS的泛化能力高于RF和CNN算法。RF算法具有较高的分类精度，能够处理数据中的异常值和噪声，且引入了随机性，不易受到过拟合的影响，相较于RF方案，CapIDS的训练更为充分，对流量的特征提取效果更好，其在召回率和漏检率上的表现都比RF方案更优；CNN算法擅长对特征进行检测和提取，可以很好地检测出不同类别所包含的特征，不过CNN算法在探索特征之间的空间关系方面表现出的效果不佳，相较于CNN方案，CapIDS结合胶囊网络，增强了对于待检测流量的特征提取能力，取得了比CNN方案更好的检测效果；在NSL-KDD数据集的测试下，LSTM与CapIDS的表现同样优秀，CapIDS相较于LSTM方案的优势并不明显，其原因在于LSTM算法通过引入门限机制来检测网络具有变化的自循环权重，当出现系统参数不变的状况时，在不同时间点可得到动态改变的积分尺度，从而解决梯度消失的问题。同时，LSTM算法更适合处理时序问题，在本章所检测的流量中，包含了大量的时序特征，故在实验中，LSTM方案所取得的检测效果相比RF方案更好，相对于CNN方案所取得的效果更加明显；相较于LSTM和CNN方案，CapIDS的优势在于避免了LSTM算法融合过多非必要特征可能导致的召回率降低的问题，同时弥补了前馈神经网络在处理时序问题上的不足。实验结果表明，在NSL-KDD数据集上，本章方案不仅可以完成对恶意流量的识别，同时在召回率和漏检率等实验指标上优于所对比的传统机器学习方法和一些深度学习方法，在一定程度上避免了各类算法存在

的缺点，取得了更好的检测效果，本章所提方案具有更好的网络入侵检测性能。

本章小结

本章首先对车联网环境的安全需求进行了分析，并在此基础上，提出了一种基于胶囊网络的二分类入侵检测算法。其次，对所提出的入侵检测算法进行了介绍，阐述了各个模块的功能，并对恶意流量的检测与识别进行研究。结合多尺度卷积和残差连接对胶囊网络的结构进行了调整，使之更好地完成特征间聚类。最后通过实验对本章所提方案进行了验证。在实验部分，介绍了实验环境、NSL-KDD数据集、预处理方法及模型训练方法等实验具体内容，根据实验结果可以看出，本章的方案不仅可以完成对恶意流量的识别，并且在召回率和漏检率这些指标上，优于其他基于特征数据的机器学习和深度学习的入侵检测方法，具有较强的泛化能力。

第九章　具备隐私保护的车联网任务卸载策略

边缘计算在自动驾驶的环境感知和数据处理方面有着极其重要的应用。自动驾驶汽车可以通过从边缘节点获取的环境信息来扩大感知范围，还可以将计算任务卸载到边缘节点，以解决计算资源不足的问题。当包含私人数据的任务被卸载到边缘服务器时，用户对敏感数据的所有权和控制权逐渐分离，这就使得用户私人数据的安全性很难保证。另一方面，考虑到不同的任务卸载方案对任务完成延迟和能耗有很大影响，现有的一些任务卸载算法在自动驾驶等高动态场景下仅使用局部观测进行卸载决策训练，这使得卸载策略难以在训练过程中快速稳定地找到全局最优解。因此，设计一种既能保护隐私又能有效地进行任务卸载的策略是非常重要的。为了解决这些问题，本章提出了一种基于多智能体强化学习(Multi-Agent Deep Reinforcement Learning，MADRL)和基于差分隐私和多智能体深度确定性策略梯度(Differential Privacy and Multi-Agent Deep Deterministic Policy Gradient，DP-MADDPG)的卸载方法，该方法可以最大限度地减少任务卸载过程中车辆的隐私损失和系统开销。首先，为了保护车联网环境下任务卸载策略过程中的用户隐私，构建了系统开销的加权成本函数，其目标是最大限度地减少系统成本，包括延迟、能耗和隐私损失。然后，将这个动态优化问题形式化为马尔可夫决策过程(Markov Decision Process，MDP)。其次，由于该联合优化问题是一个混合整数非线性规划(Mixed integer Nonlinear Program，MiNLP)，因此使用具有优先经验重放(Prioritized Experience Replay，PER)机制的MADRL方法来最大化奖励函数并学习最优策略。最后，为了保证隐私安全，使用再生核希尔伯特空间(Peproducing Kernel Hilbert Space，RKHS)核函数来描述高斯过程噪声空间，它可以更新特定频率的高斯过程噪声，并从中提取噪声函数来干扰用户的策略和行为，从而使整个算法在保护隐私的同时实现纳什均衡(Nash Equilibrium)。

9.1　引　言

随着自动驾驶水平的提高和智能传感器数量的增加，自动驾驶汽车每天都会产生大量的原始数据。这些原始数据需要在本地进行实时处理、融合和特征提取，包括基于深度学习的对象检测和跟踪。同时，需要使用V2X(Vehicle to Everything)来提高对环境、道路和其他车辆的感知，并使用3D高清地图进行实时建模和定位、路径规划和选择以及驾驶策略调整，从而安全地控制车辆。由于这些任务需要在车内完成，为了始终保持实时的任务处理和响应，需要一个强大可靠的计算平台来执行这些任务。在传统的自动驾驶中，大规模的人工智能算法模型和大规模的集中数据分析都是在云中进行的。这是因为云拥有大量的计算资源，可以在很短的时间内处理数据。然而，在许多情况下，仅仅依靠云为自动驾驶汽车提供服务是不可行的。由于自动驾驶汽车在行驶过程中产生了大量需要实时处理的数据，如果将所有这些数据都通过核心网络传输到远程云，仅传输数据就会造成很大的延迟，无法满足数据处理的实时性要求。核心网络的带宽也难以支持大量自动驾驶汽车同时向云端发送大量数据，一旦核心网络拥塞，导致数据传输不稳定，自动驾驶汽车的驾驶安全就无法得到保障。

移动边缘计算(MEC)的出现解决了这个问题。MEC将计算能力部署到用户附近的边缘节点，为网络边缘的用户提供服务，避免了长距离的数据传输，并为用户提供了更快的响应。任务卸载技术将自动驾驶汽车的计算任务卸载到其他边缘节点去执行，不仅为资源受限的汽车提供了强大的计算能力，还减轻了网络带宽的压力。此外，通过对传统的网络结构去中心化，将业务资源推送到网络的逻辑边缘，任务卸载技术显著降低了车辆端任务处理的延迟和能耗。因此，任务卸载已成为IoV和MEC领域的一个关键问题，这吸引了机构和学者对卸载策略和资源优化的广泛研究。

随着学者们对任务卸载技术的不断深入研究，卸载过程中出现的隐私问题越来越成为人们关注的焦点。为了提高安全性和可靠性，一些研究人员将特定的隐私保护措施纳入任务卸载中[104-105]。密码学通常从一开始就用于确保卸载任务的安全性，是最常用的方法之一，通常提供高安全性。一些研究侧重于提高合法信道的通信质量以保护用户隐私[106-108]，而另一些研究则通过评估边缘节点的可靠性来选择安全的节点进行卸载[109-111]。然而，使用加密方法加密传输的数据主要是在传输期间保护数据。一旦数据到达目的地并在不安全的使用环境中解密，就可能导致误用；提高合法渠道通信质量的方法主要集中在提高数据传输的安全性和可靠性上，但如果服务器或数据处理的其他阶段存在安全漏洞，仍会对用户造成隐私风险。选择相对安全的卸载节点取决于对服务器可靠性的准确评估，这可能是有限的或错误的，因为即使是可靠的服务器也不能保证对内部威胁的免疫力，如内部人员的恶意行为等。因此，以上这三种方法受到数据存储、传输或处理位置的限制，不能直接解决数据分析过程中的隐私保护问题。

针对上述问题，考虑到进一步优化系统资源和保护隐私安全，一些研究试图将人工智能算法与隐私保护技术相结合，以实现更好的系统性能[112-114]，旨在在提供隐私保护的同时优化系统开销。尽管智能任务卸载方法在隐私保护方面取得了一些进展，但这些智能卸载模型固有的隐私泄露风险正在逐渐暴露出来。例如，未受保护的智能任务卸载模型可能导致成员推理攻击(Member Inference Attacks，MIA)后的用户隐私泄露，包括模型成员(即用户)的使用模式、实时位置、卸载偏好等。此外，拥有用户或模型敏感信息的攻击者可能会进一步使用对抗性攻击(Adversarial Attacks，AAs)来误导模型生成虚假输出，导致智能设备或应用程序接收不正确的返回指令或结果，最终使其无法工作[115]。因此，如果攻击者对智能任务卸载模型发起攻击，可能会对用户的隐私构成严重威胁。很明显，智能卸载模型与用户隐私密切相关，这使得智能任务卸载过程中的隐私安全成为一个不容忽视的问题。

目前，大多数关于车联网任务卸载的研究都集中在介质延迟和能耗的联合优化上，近年来才开始探讨与任务卸载相关的隐私问题。此外，现有关于 MEC 中任务卸载隐私保护的研究大多集中在基于加密[116-119]、传输链路保护[120-122]和卸载目标安全评估[123-124]的方法上。当针对智能任务卸载模型的攻击不可避免时，研究具有隐私保护的智能任务卸载模式成为一个重要问题。目前，这方面的相关研究很少。

为了解决上述问题，本章提出了一种通过 MADRL 方法和隐私保护机制解决车联网的任务卸载和隐私保护模型的方法，实现延迟、能效和隐私损失方面的优化。

9.2 车联网任务卸载过程中的隐私保护问题

9.2.1 车联网的任务卸载与资源优化

近年来，IoV 的应用和发展趋势引起了众多学者和研究机构的关注。在 IoV 的热门话题中，任务卸载脱颖而出，其研究方向主要集中在资源优化和隐私保护上。鉴于 IoV 是 MEC 的一个特定应用场景，这些研究工作还结合了 MEC 中的一些卸载研究。下面重点描述任务卸载在资源优化和隐私保护方面的研究现状、趋势与挑战。

在 IoV 中，车辆将任务卸载到边缘服务器(Edge Server，ES)进行处理，以弥补本地计算能力的不足。为了减少卸载过程中的系统开销，目前的许多研究工作都致力于提高任务卸载效率，并在资源有限的情况下减少任务卸载过程中产生的开销(如延迟和能耗)。

CHEN 等人[124]将最优计算卸载策略的问题建模为 MDP，以使卸载决策适应时变网络动力学。同时，提出了一种双深度 Q 网络(DQN)策略计算卸载算法，以解决状态空间高维问题的困境。

针对复杂服务中多个数据相关任务的卸载问题，QI 等人[125]提出了一个基于知识驱动(KD)的 IoV 服务卸载决策框架，将多个任务的卸载决策形式化为长期规划问题，并使用深度强化学习(DRL)方法获得最优解。XU 等人[126]提出了 F-TORA 任务卸载和资源分配方案，以充分利用 IoV 中有限的边缘服务器资源，最大限度地减少车辆的任务处理延迟。在工作中，他们利用 T-S FNN 和博弈论来帮助云服务器预测车辆流量并确定用户的卸载策略，并利用 Q-Learning 算法为边缘服务器上的卸载任务分配资源。同样，为了解决 IoV 中的任务卸载和资源分配问题，HAZARIKA 等人[127]最初使用 DRL 算法根据优先级和计算量大小对任务进行分类。然后，他们考虑了网络状态和车辆连接等因素，设计了基于 SAC、DDPG 和 TD3 算法的卸载框架，最终通过实验验证了这三种方法的可行性。NING 等人[128]的研究旨在最大限度地减少车辆卸载过程中的任务计算、传输和网络拥塞造成的延迟。他们提出了基于李雅普诺夫优化的 OMEN 方案，并使用模仿学习(IL)加速了学习过程。

尽管上述所有研究都在不同程度上提高了 IoV 场景中的资源利用率并降低了卸载开销，但仍存在局限性。一方面，与 MADRL 方法相比，由于无法获得全局观测结果，上述研究中的一些启发式算法无法很好地适应高度动态的 IoV 场景。因此，算法不能在较短的时间内收敛并获得稳定的策略性能。另一方面，上述大多数研究都是单方面优化卸载中的资源调度，但卸载中的隐私泄露问题没有得到同样的关注。

9.2.2 车联网卸载过程中的隐私保护问题

随着 IoV 的普及和应用，车联网卸载过程中的隐私保护问题逐渐受到研究人员的关注。近年来，越来越多的工作者已经从纯计算卸载的研究转向有隐私保护的任务卸载。除了加密卸载数据、增强传输链路安全和边缘节点评估这三种方法外，一些研究人员还以不同的方式保护卸载数据的隐私。

由于基于人工智能的方法可以考虑更多的隐私问题，GAO 等人[113]使用了基于 DRL 的方法来保护用户隐私。他们在论文中指出，用户在现实生活中的卸载行为具有一定的规律性。这些模式很容易被利用，对手也很容易推断出用户的实时位置。为了利用先验知识对抗这些攻击者，他们提出了迈端策略优化的第二代版本(Proximal Policy Optimization，PPO2)方法来处理大规模任务卸载，从而降低了位置隐私泄露的风险。与使用人工智能算法学习安全卸载策略相反，LIU 等人[112]选择将用户的私人数据保持在本地。LIU 等人认为，MEC 的开放性允许许多额外的设备访问用户和服务器之间的交互数据，这种情况增加了私人数据泄露的风险。作为回应，他们使用联合学习(FL)方法提出了一种被称为 P2FEC 的分布式隐私保护框架，该框架避免了集中训练，同时跨多个端点或边缘设备训练统一的预测模型。NGUYEN 等人[129]利用区块链技术的安全性、透明度和去中心化，提出了一种基于 MEC 的区块链网络。为了最大限度地减少系统卸载效用，同时最大限度地保护用户隐私，他们首先提出了一种基于强化学习(RL)的强化学习卸载(Reinforcement Learning Offloading，RLO)方案。为了适应更大的区块链场景，他们使用 DQN 开发了一种深度强化学习卸载(Deep Reinforcement Learning Offloading，DRLO)算法，并通过实验验证了该算法的性能。

从以上这些工作中可以清楚地看出，使用人工智能算法来学习卸载决策已经成为一种主要的研究趋势。然而，由于这些工作中使用的人工智能模型通常收集并使用大量包含用户敏感信息的数据作为训练样本，因此，没有保护的模型和训练数据都可能成为攻击者的目标，导致各种形式的隐私泄露。

9.2.3 基于差分隐私的学习模型的隐私保护

针对AI模型的成员推理攻击(MIA)等攻击方法对模型隐私安全构成了巨大威胁。攻击者利用模型过拟合来推断模型中的成员信息，从而窃取模型和用户的隐私。相比之下，差分隐私(Differential Privacy，DP)是提高模型隐私保护能力的有效手段。它通过DWORK等人[130]对隐私的严格数学定义来保证深度学习模型的有用性和隐私性。这可以减少成员的过拟合以及成员和非成员之间的置信度得分向量的差距。

ARACHCHIGE等人[131]在对深度学习(DL)隐私问题的研究中指出，当在高度敏感的众包数据上进行训练时，DL算法往往会损害隐私。传统的GDP算法需要具有高计算能力的设备，这对一些资源受限的场景和设施不友好。因此，他们提出了一种新的LDP算法，该算法更适用于许多现代分布式场景(如物联网等)。另一方面，ZILLER等人[132]将DP应用于医学成像以保护患者隐私。在论文中，他们提出了一种用于DP深度学习的deepee框架，该框架基于并行执行神经网络操作来获得和改变每个样本的梯度。此外，他们还研究了基于高斯DP框架的专门数据加载程序和隐私预算核算方法，以及用户提供的用于自动更改的神经网络架构，以确保其DP跨层的一致性。实验表明，他们的方法在提供严格的隐私保证的同时，平衡了模型的有效性。

DP机制在隐私保护方面具有显著的有效性，并且使用DP直接向模型输出添加扰动是一种快速且易于实现的方法。在实践中，这种方法的保护效果随着攻击者的查询数量的增加而降低。因此，设计一种合适的噪声添加算法，在保证模型实用性的同时考虑隐私保护效果，是DP应用面临的主要挑战。

通过目前的研究趋势可以看出，DP正与模型隐私保护的研究更深入地结合在一起。这是因为DP提供了严格的理论保障和强大的隐私保护效果。本章将DP机制集成到MADRL中，为IoV中的智能车辆提供更安全、更高效的任务卸载解决方案。

9.3 车联网任务卸载模型架构

车联网任务卸载模型架构旨在将计算资源从云数据中心扩展到网络边缘，以降低延迟、减少核心网络的负载、提高数据处理效率和用户体验，它通常包含车辆、边缘服务器、接入网络、核心网络以及云数据中心。其中，车辆、边缘服务器和接入网络均处于MEC系统的边缘层。一般而言，车辆是MEC的终端节点、数据产生的源头，也是最终的服务消费者，它一般包含智能手机、平板电脑、可穿戴式智能设备以及可以联网的智能车辆等；边缘服务器通常部署在基站等网络接入点，靠近车辆，具备良好的CPU、内存等计算资源和服务资源，并能够执行内容缓存、数据处理等任务。接入网络一般为无线网络(如5G、WiFi

等)，负责车辆和边缘服务器间的通信与连接。此外，MEC 系统中的核心网络用于连接边缘服务器和远程云服务器集群或数据中心，支持 MEC 系统与更广泛的互联网进行连接；云数据中心则是 MEC 系统处理大规模计算或存储任务的资源支撑，此外，它还支持云数据中心的资源整合以及多个边缘服务器的资源协调与优化。

图 9-1 展示了智能移动设备和车辆在 MEC 场景下的任务卸载模型架构。智能移动设备(如手机、车辆及可穿戴式智能设备)具备较高的移动性，可在边缘服务器的信号覆盖范围内自由移动。这些智能移动设备在处理任务时，可以选择在本地执行任务，也可以将任务卸载到边缘服务器(Edge Server，ES)上去执行。此外，车辆上的各个卸载任务可以卸载至不同的边缘服务器上再执行。本章提出的 MEC 任务处理模型对于物联网和车联网等移动互联场景均可以很好地适用。

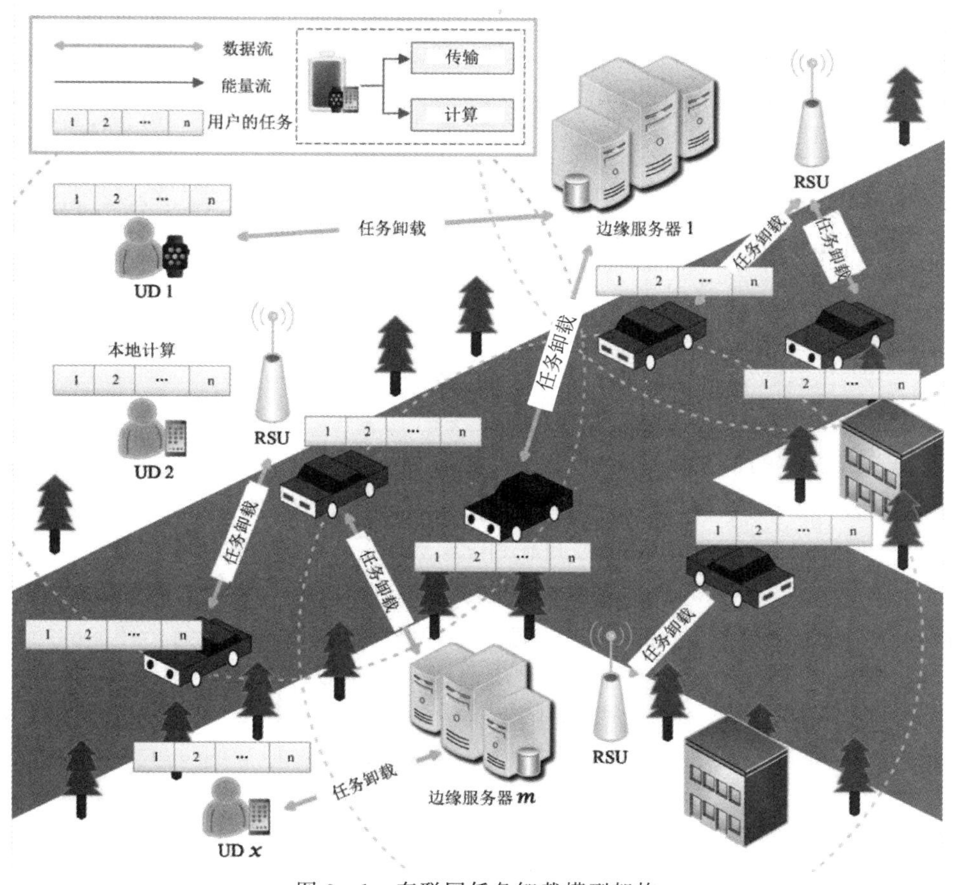

图 9-1　车联网任务卸载模型架构

9.4 系统模型建立

在本章中，首先依据网络架构和系统模型构造了任务模型和信道模型，进而给出了任务处理模型。本章在研究车辆的任务处理模型时细分为两种模型，即本地计算模型和卸载计算模型。在本地计算模型中，影响任务处理时间和能耗的主要因素包括车辆的CPU功率、车辆的电量等；在卸载计算模型中，影响任务执行质量的主要因素有目标边缘服务器的处理能力、信道状态和车辆的移动性。其中，ES的处理能力主要受其CPU功率影响，信道质量主要受带宽、噪声等因素影响，车辆的移动性主要受移动设备本身与目标边缘服务器之间的相对距离影响。

9.4.1 任务模型

用集合$\mathcal{X}=\{1, 2, \cdots, X\}$表示区域内的所有车辆(UD)；集合$\mathcal{N}=\{1, 2, \cdots, N\}$表示任意车辆$\mathrm{UD}_x$($x\in\mathcal{X}$)上的所有任务；集合$\mathcal{M}=\{0, 1, \cdots, M\}$表示区域内所有边缘服务器(ES)和车辆的CPU，其中0代表车辆的本地CPU。对于任意任务task_n($n\in\mathcal{N}$)，用五元组(d_n，τ_n，c_n，φ_{nm}^x，ω_n)描述任务task_n的状态，具体如下：

(1) d_n 表示task_n的数据大小；

(2) τ_n 表示被CPU处理后的task_n的数据大小；

(3) c_n 表示task_n执行所需的CPU周期总数；

(4) φ_{nm}^x 表示任意UD_x上task_n的卸载状态；

(5) ω_n 为task_n的最大执行时间。

其中，φ_{nm}^x包含两种模式：本地执行和卸载执行，定义为

$$\varphi_{nm}^x=\begin{cases}1, \ \mathrm{task}_n \text{ 被卸载到 } \mathrm{ES}_m, \ m\in\{1, 2, \cdots, M\}\\0, \ \mathrm{task}_n \text{ 在本地执行}, \ m=0\end{cases} \tag{9-1}$$

此外，任意UD_x的N项任务可以构建一个卸载状态矩阵来表示每个任务的卸载状态：

$$\varphi_x=(\varphi_{nm}^x)_{N\times M}=\begin{pmatrix}\varphi_{10}^x & \cdots & \varphi_{1M}^x\\ \vdots & \ddots & \vdots\\ \varphi_{N0}^x & \cdots & \varphi_{NM}^x\end{pmatrix} \tag{9-2}$$

9.4.2 信道模型

定义B为系统带宽，并且被该区域内的所有车辆共用。假设每一个边缘服务器端的数

据接口都为车辆提供固定的频率，则每一台车辆的带宽 B_x 被定义为

$$B_x = \frac{B}{X} \tag{9-3}$$

将任意 ES_m 与 UD_x 之间上行和下行的数据传输速率分别定义为 $\mathrm{Tr}_{x,m}^{\mathrm{ul}}$、$\mathrm{Tr}_{x,m}^{\mathrm{dl}}$，则有

$$\mathrm{Tr}_{x,m}^{\mathrm{ul}} = B_x \log\left(1 + \frac{p_x^{\mathrm{e}} g_{x,m}(t)}{B_x \mathcal{N}_0}\right) \tag{9-4}$$

$$\mathrm{Tr}_{x,m}^{\mathrm{dl}} = B_x \log\left(1 + \frac{p_m^{\mathrm{e}} g_{x,m}(t)}{B_x \mathcal{N}_0}\right) \tag{9-5}$$

式中，p_x^{e} 和 p_m^{e} 分别是 UD_x 和 $\mathrm{ES}_m(m \in \mathcal{M})$的数据传输功率；$g_{x,m}$ 代表信道增益；$\mathcal{N}_0$ 代表高斯白噪声的功率谱密度。

车辆与边缘服务器之间的无线信道可建模为具有自由空间传播路径损耗的瑞利衰落信道。上行和下行的信道增益被定义为

$$g_{x,m}(t) = \frac{|h_{x,m}|^2}{L_0 d_{x,m}^{\partial}(t)} \tag{9-6}$$

式中，$h_{x,m}$ 代表小范围的衰落，是一个服从高斯分布 $N(0, 1)$的随机变量；L_0 和∂分别为路径损耗常数和路径损耗指数；$d_{x,m}(t)$表示 t 时刻 UD_x 到 ES_m 的距离。

此外，由于任务在本地 CPU 上处理时没有因数据传输造成的时延，因此任务在本地计算模式时，数据的上行和下行传输速率应为

$$\mathrm{Tr}_{x,m}^{\mathrm{ul}} = \mathrm{Tr}_{x,m}^{\mathrm{dl}} = +\infty$$

9.4.3 任务处理模型

1. 本地计算模型

当 task_n 在本地计算模式时，由于不需要对数据进行传输，时延的组成只考虑本地任务处理时延，能耗则只考虑本地计算所产生的能耗，且两者的大小都取决于本地设备 CPU 的性能和功耗。因此，时延和能耗可以定义为以下形式(对于本地计算的 task_n 都符合约束条件：

$$n \in \mathcal{N} \cup \sum_{m=1}^{M} \varphi_{nm}^{x} = 0$$

且当 $m=0$ 时，有 $\varphi_{n0}^{x}=1$，后续不再赘述)。

在本地计算模式下处理某一任务 task_n 的时间 t_n^{Local} 被定义为

$$t_n^{\mathrm{Local}} = \frac{c_n}{f_x} \tag{9-7}$$

对于车辆 UD_x，本地计算模式下任务处理的总时延 T_x^{Local} 为

$$T_x^{\mathrm{Local}} = \sum_{n \in \mathcal{N}} t_n^{\mathrm{Local}} \tag{9-8}$$

式中，f_x 是该车辆 CPU 的每秒钟周期数。

用 p_x 表示该车辆 CPU 的功耗，可将其广泛建模为 CPU 频率 f_x 的一个超线性函数，即

$$p_x = \xi_0 (f_x)^{\gamma_0} \tag{9-9}$$

式中，ξ_0 和 γ_0 分别表示功耗系数和指数系数。

对于 task_n，本地计算模型的能耗 e_n^{Local} 的定义为

$$e_n^{\text{Local}} = p_x \cdot t_n^{\text{Local}} = \xi_0 \cdot (f_x)^{\gamma_0 - 1} \cdot c_n \tag{9-10}$$

因此，对于 UD_x 而言，处理所有本地任务所产生的能耗 E_x^{Local} 应为

$$E_x^{\text{Local}} = \xi_0 (f_x)^{\gamma_0 - 1} \sum_{n \in \mathcal{N}} c_n \tag{9-11}$$

2. 卸载计算模型

task_n 在 UD_x 和 ES_m 之间上行和下行的传输时延 $t_{x_n,m}^{\text{ul}}$、$t_{x_n,m}^{\text{dl}}$ 分别定义为

$$t_{x_n,m}^{\text{ul}} = \frac{d_n}{\text{Tr}_{x,m}^{\text{ul}}} \tag{9-12}$$

$$t_{x_n,m}^{\text{dl}} = \frac{\tau_n}{\text{Tr}_{x,m}^{\text{dl}}} \tag{9-13}$$

对于 task_n 而言，数据在 UD_x 和 ES_m 之间的传输总时延 $t_{x_n,m}^{\text{Tr}}$ 被定义为

$$t_{x_n,m}^{\text{Tr}} = t_{x_n,m}^{\text{ul}} + t_{x_n,m}^{\text{dl}} \tag{9-14}$$

对于所有卸载到 ES_m 的任务而言，在 UD_x 和 ES_m 之间的传输总时延 $t_{x,m}^{\text{Tr}}$ 被定义为

$$t_{x,m}^{\text{Tr}} = \sum_{n \in \mathcal{N}} t_{x_n,m}^{\text{Tr}} = \sum_{n \in \mathcal{N}} \left(\frac{d_n}{\text{Tr}_{x,m}^{\text{ul}}} + \frac{\tau_n}{\text{Tr}_{x,m}^{\text{dl}}} \right) \tag{9-15}$$

task_n 在 ES_m 上的处理时延 $t_{x_n,m}^{\text{Ex}}$ 定义如下：

$$t_{x_n,m}^{\text{Ex}} = \frac{c_n}{f_m} \tag{9-16}$$

一般而言，当 task_n 的传输总时延 $t_{x_n,m}^{\text{Tr}}$ 与处理时延 $t_{x_n,m}^{\text{Ex}}$ 之和大于 ω_n 时，则认为 task_n 失败或丢失。对于 UD_x 卸载到 ES_m 的批处理操作，所需的总时延 $t_{x,m}^{\text{Ex}}$ 被定义为

$$t_{x,m}^{\text{Ex}} = \frac{\sum_{n \in \mathcal{N}} c_n}{f_m} \tag{9-17}$$

式中，f_m 为 ES_m 的 CPU 频率。

因此，在卸载计算模式下，UD_x 的批处理任务卸载到 ES_m 上处理所需的总时延 $t_{x,m}^{\text{Offload}}$ 定义如下：

$$t_{x,m}^{\text{Offload}} = t_{x,m}^{\text{Tr}} + t_{x,m}^{\text{Ex}} \tag{9-18}$$

此外，考虑到卸载时任务处理为多设备并行处理，因此，对于处于卸载模式下的批处理任务而言，应当考虑将最大批处理时间作为 UD_x 卸载模式下的最终时延，即

$$T_x^{\text{Offload}}=\max_{m\in\mathcal{M}} t_{x,m}^{\text{Offload}} \tag{9-19}$$

卸载模式下的能耗来源主要包含两方面，即传输能耗和计算能耗。其中，传输能耗定义如下：

$$e_{x_n,m}^{\text{Tr}}=t_{x_n,m}^{\text{ul}}\cdot p_x^{\text{e}}+t_{x_n,m}^{\text{dl}}\cdot p_m^{\text{e}} \tag{9-20}$$

$$e_x^{\text{Tr}}=\sum_{\substack{m\in\mathcal{M}\\ m\neq 0}}\sum_{n\in\mathcal{N}} e_{x_n,m}^{\text{Tr}} \tag{9-21}$$

式中，p_x^{e} 和 p_m^{e} 分别是 UD_x 和 ES_m 的传输功率。

在 ES_m 上执行处理任务所产生的能耗被定义为

$$e_{x,m}^{\text{Ex}}=p_m\sum_{n\in\mathcal{N}} t_{x_n,m}^{\text{Ex}}=p_m t_{x,m}^{\text{Ex}} \tag{9-22}$$

式中，p_m 为 ES_m 的 CPU 功率。

区域内服务器处理 UD_x 上所有任务的能耗 e_x^{Ex} 被定义为

$$e_x^{\text{Ex}}=\sum_{\substack{m\in\mathcal{M}\\ m\neq 0}} e_{x,m}^{\text{Ex}} \tag{9-23}$$

由此，UD_x 的卸载计算模式总能耗 E_x^{Offload} 定义如下：

$$E_x^{\text{Offload}}=e_x^{\text{Tr}}+e_x^{\text{Ex}} \tag{9-24}$$

综上所述，对于任意车辆 UD_x，处理任务所需的总时延和总能耗分别为

$$T_x(\Phi_x)=\max(T_x^{\text{Offload}},\ T_x^{\text{Local}}) \tag{9-25}$$

$$E_x(\Phi_x)=E_x^{\text{Local}}+E_x^{\text{Offload}} \tag{9-26}$$

根据式(9-25)和式(9-26)可推出该区域所有车辆处理任务的总时延 $T(\Phi)$ 和总能耗 $E(\Phi)$ 为

$$T(\Phi)=\max_{x\in\mathcal{X}} T_x(\Phi_x) \tag{9-27}$$

$$E(\Phi)=\sum_{x\in\mathcal{X}} E_x(\Phi_x) \tag{9-28}$$

9.4.4 问题形式化

本章旨在最小化系统开销。考虑到本地计算和卸载计算模式下的时延和能耗拥有不同的变化范围，因此，这里采用标准化函数 δ 规范时延和能耗的值，使其取值范围固定在(0，1)区间内。依据式(9-27)和式(9-28)，系统时延开销和能耗开销分别为

$$O^t=-\delta(T(\Phi)) \tag{9-29}$$

$$O^e=-\delta(E(\Phi)) \tag{9-30}$$

在建模时，由于先从单个车辆入手，搭建了 UD_x 的时延模型和能耗模型，因此，当模型应用于多用户场景时，通过对任意用户能耗和时延的最小化便可实现整个卸载系统开销的最小化。由于在式(9-29)和式(9-30)中把时延和能耗的标准结果变为了负数形式，所

以系统开销问题可以写成以下形式：

$$\max(O^{\mathrm{t}}+O^{\mathrm{e}}) \tag{9-31}$$

$$\begin{aligned}
&受限于：\varphi_{nm}^{x}\in\{0,1\},\ \sum_{m=0}^{M}\varphi_{nm}^{x}=1\\
&0\leqslant\sum_{x=1}^{X}B_x\leqslant B\\
&0<\mathrm{Tr}_{x,m}\leqslant\mathrm{Tr}_{x,m}^{\max}\\
&\forall n\in\mathcal{N},\ m\in\mathcal{M},\ x\in\mathcal{X}\\
&变量：\varphi_{nm}^{x},\ B_x,\ \mathrm{Tr}_{x,m}
\end{aligned} \tag{9-32}$$

由约束条件(9-32)可知，对于区域内的车辆和边缘服务器来说，每个任务要么被卸载到ES上执行，要么在本地执行；此外，$0\leqslant\sum_{x=1}^{X}B_x\leqslant B$ 给出了带宽限制；$0<\mathrm{Tr}_{x,m}\leqslant\mathrm{Tr}_{x,m}^{\max}$ 约束了每个任务数据的传输功率值的上、下限。其中，由于 B_x 是一个变量，而传输速率 $\mathrm{Tr}_{x,m}$ 是 B_x 的函数，因此 $\mathrm{Tr}_{x,m}$ 在一定范围内是随机的。

9.5 问题转化及算法分析

9.5.1 构造多智能体马尔可夫决策过程

本小节首先将系统开销最小化问题形式化为马尔可夫决策过程，将其转化为多智能体深度强化学习中最大化奖励函数的问题，然后展开描述基于优先经验重放的多智能体深度确定性策略梯度(Multi-Agent Deep Deterministic Policy Gradient with Prioritized Experience Replay, PER-MADDPG)的任务卸载方法的细节。

根据构造的问题，MADDPG算法对状态空间、动作空间和目标要求以及MEC场景特点构建马尔可夫决策过程，MDP的形式化主要包含了三个部分，即状态空间$\mathbb{S}$，动作空间$\mathbb{A}$和当前时刻 t 的奖励函数$\mathbb{R}_t$。

1. 状态空间$\mathbb{S}$

依据MEC场景设立状态空间$\mathbb{S}$。$\mathbb{S}$包含区域内目标ES_m 的位置信息、信道信息以及当前用户的位置信息，可以定义为以下形式：

$$s_{x,t}=\{V_m,\ \mathrm{Tr}_t^{\mathrm{ul}},\ \mathrm{Tr}_t^{\mathrm{dl}},\ \mathrm{loc}_t^{x},\ d_t^{x,m}\} \tag{9-33}$$

式中，V_m 代表ES_m 的负载平均值，反映了边缘服务器的利用率；$\mathrm{Tr}_t^{\mathrm{ul}}$ 和 $\mathrm{Tr}_t^{\mathrm{dl}}$ 分别是数据上行和下行的传输速率；loc_t^{x} 是 t 时刻 UD_x 的位置，$d_t^{x,m}$ 是 t 时刻 UD_x 距通信范围内边缘

服务器的直线距离。

2. 动作空间$\mathbb{A}$

在基于 PER-MADDPG 的任务卸载方法中，在训练阶段每个智能体的动作都会影响到其他所有智能体，因此进行任务卸载的动作包含了区域内每台车辆的联合决策，即 $a_t=\{a_{x,t}|x\in\mathcal{X}\}$，则车辆的动作空间可以定义为以下形式：

$$a_{x,t}=\{\Phi_{x,t}\} \tag{9-34}$$

具体而言，一台车辆在 t 时刻做出的动作包含对该设备上的每个任务的处理，即每个任务是否卸载和卸载位置。

3. 奖励函数$\mathbb{R}_t$

在卸载计算模式中，任务处理可能存在数据包丢失或其他处理失败的情况，可利用惩罚函数 $\varphi_n(v)$来描述失败的情况，其定义如下：

$$\varphi_n(v)=\begin{cases}0, & \text{task}_n\text{ 处理成功}\\ -1, & \text{task}_n\text{ 丢失或失败}\end{cases} \tag{9-35}$$

依据系统开销、惩罚函数，对 UD_x 构建奖励函数$\mathbb{R}_t$，其形式如下：

$$\mathbb{R}_t=\omega_1\cdot O^{\text{t}}+\omega_2\cdot O^{\text{e}}+\omega_3\cdot\varphi_{n,t}(v)-\omega_4\cdot V_m \tag{9-36}$$

式中，ω_1、ω_2、ω_3、ω_4 分别是系统时延、能耗、惩罚函数及边缘服务器卸载频率的权重，取值范围为(0, 1)，且 $\omega_1+\omega_2+\omega_3+\omega_4=1$；$O^{\text{t}}$、$O^{\text{e}}$、$\varphi_{n,t}(v)$均为负数，$V_m$ 是正数，所以为 V_m 添加负号。

此外，在奖励函数中添加边缘服务器的负载平均值 V_m 的目的是避免将任务卸载到繁忙的服务器上，从而均衡负载，提高计算资源的利用率。

构造好的奖励函数$\mathbb{R}_t$ 只能用于评估采取的动作对于当前时刻造成的影响，为了进一步估计该动作对未来形势的长远影响，可利用折扣回报 U_t 进行评价，其形式如下：

$$U_t=R_t+\gamma R_{t+1}+\gamma^2R_{t+2}+\cdots=\sum_{k=0}^{+\infty}\gamma^kR_{t+k} \tag{9-37}$$

式中，$\gamma\in(0, 1]$是折扣因子，用于降低未来奖励的权重。

根据式(9-37)，可对当前 t 时刻的折扣回报求期望，得到动作-状态价值函数 $Q_\pi(s_t, a_t)$，该函数用于评判在状态 s_t 动作 a_t 的好坏，即

$$Q_\pi(s_t, a_t)=\mathbb{E}_{a_t\sim\pi}[U_t]=\mathbb{E}_{a_t\sim\pi}[R_t+\gamma\cdot U_{t+1}] \tag{9-38}$$

此外，在多智能体环境中，由于每个智能体只能观测到部分状态，因此不需要计算状态-价值函数 $V(s_t, \pi)$来客观地评判当前形式。

9.5.2 基于 PER-MADDPG 的任务卸载方法

在宏观层面上，基于 PER-MADDPG 的任务卸载方法可分为两个关键阶段，即中心化

训练和去中心化执行。图 9-2 展示了基于 PER-MADDPG 的任务卸载算法框架。

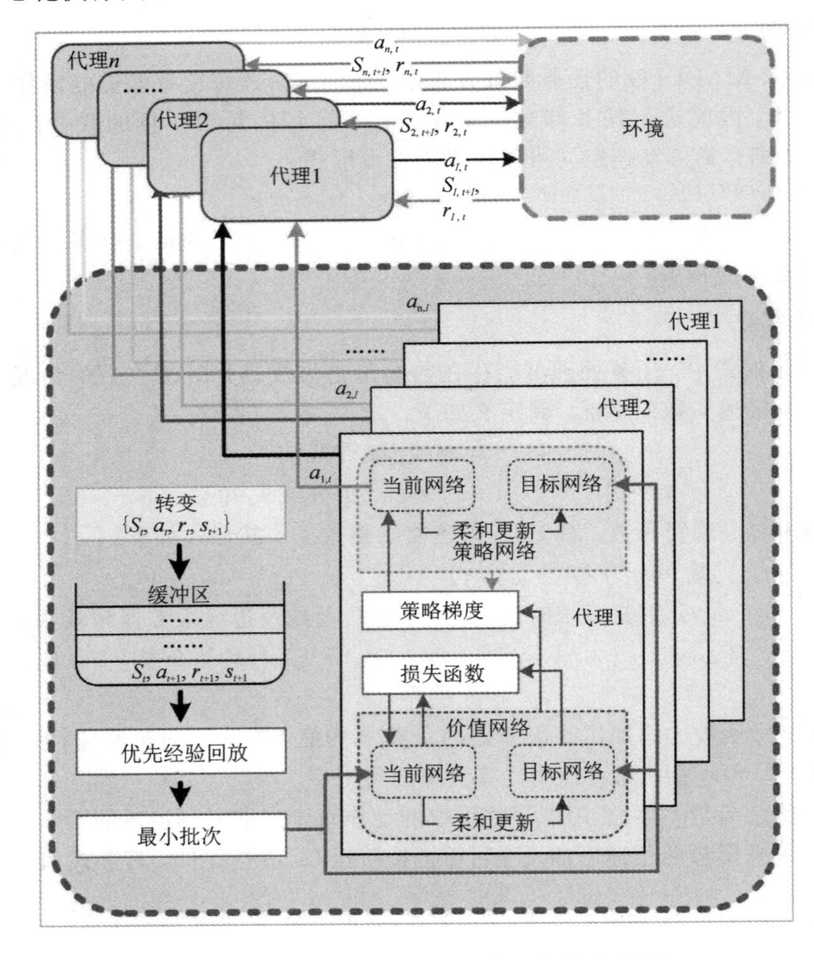

图 9-2　基于 PER-MADDPG 的任务卸载算法框架

在中心化训练阶段，每台车辆与每个边缘服务器之间交互产生的经验(涵盖当前时刻的状态、动作、奖励以及下一时刻的状态)均被上传至云端，以便获取区域内的全局信息，从而进行任务卸载策略的学习。待中心化训练阶段结束，即算法达到纳什均衡后，每台车辆从云端下载各自的卸载策略后，无需再与云中心进行交互，只需要根据自己的状态做出卸载决策即可，即进入去中心化执行阶段。

在训练过程中，首先每个智能体所观测到的信息(如当前时刻的状态 s_t、奖励 $\mathbb{R}_t$、下一时刻的状态 s_{t+1})被收集在经验重放缓冲区中，然后对缓冲区中的(s_t，a_t，r_t，s_{t+1})序列进行随机抽样，样本用于更新策略价值网络的参数。详细地说，在每一个 step 中，算法需要

学习两个网络，即策略网络(Actor Network)和价值网络(Critic Network)。当前策略网络(Current Actor Network)会根据观测到的环境状态输出一个动作，这个输出的动作由当前价值网络(Current Critic Network)进行动作价值评估，并根据做出动作后对应的环境奖励修正对动作的估值。基于 PER-MADDPG 的任务卸载算法的伪代码如表 9-1 所示。

表 9-1　基于 PER-MADDPG 的任务卸载算法的伪代码

基于 PER-MADDPG 的任务卸载算法
算法输入：状态空间，动作空间，奖励函数，动作网络
算法输出：目标策略网络
1 for episode = 1 to Y do
2 　　重置环境
3 　　for step = 1to T do
4 　　　　每台车辆做出卸载动作 $a_{x,t}$，并获得奖励 $r_{x,t}$
5 　　　　状态 s_t 转变为 s_{t+1}
6 　　　　带有优先级 $\lvert\Theta_{x,b}\rvert+\iota$ 的经验(s_t，a_t，u_t，s_{t+1})存储至经验重放缓冲区中
7 　　　　for User device = 1 to X do
8 　　　　　　从经验池中随机抽样最小批次(mini-batch) B
9 　　　　　　计算目标价值
10 　　　　　　最小化损失函数更新参数 ω_x
11 　　　　　　最大化策略梯度更新参数 θ_x
12 　　　　　　end for
13 　　　　柔和更新参数 $\omega_x{}'$和 $\theta_x{}'$
14 　　　　更新 B 的优先级
15 　　　　end for
16 　　end for
17 返回目标策略网络参数 $\omega_x{}'$和 $\theta_x{}'$

基于 PER-MADDPG 的任务卸载方法旨在对于给定的状态做出长远回报最大的动作。因此，优化策略网络也就是让策略网络的输出动作获得更高的评分。为了使 $Q_{x,t}$ 的值更接近真实值并稳定训练，在深度强化学习中常利用时序差分(Temporal Difference，TD)方法，即利用目标网络和经验重放估计当前时刻的动作价值，即

$$y_{x,t}=R_{x,t}+\gamma\cdot Q'_{x,t+1}(s_{x,b+1},a'_{x,b+1};\omega'_{x,t})\tag{9-39}$$

式中，$a'_{x,b+1}$是目标策略网络(Target Actor Network)根据状态 $s_{x,b+1}$ 输出的动作，且

$b \in \mathbb{B}$，$\mathbb{B}$为最小批次(mini-batch)的大小。为了让当前价值网络的估计更接近真实值，需要利用 TD 误差(error)衡量估值和真实值之间的误差。定义 ϑ_x 为 TD 误差，其形式如下：

$$\vartheta_x = Q_{x,t}(s_{x,b}, a_{x,b}; \omega_{x,t}) - y_{x,t} \tag{9-40}$$

为了使原本的 MADDPG 算法有更好的性能，本章利用了优先经验重放(PER)来提升卸载算法的效果。利用 $\vartheta_{x,b}$ 计算 mini-batch 中第 b 次抽样的转换概率：

$$\mathbb{P}_{x,b} = \frac{(|\vartheta_{x,b}| + \iota)^{\beta}}{\sum_{b=1}^{\mathbb{B}} (|\vartheta_{x,b}| + \iota)^{\beta}}, \ \forall x \in \mathcal{X} \tag{9-41}$$

式中，β 和 ι 为正的常数。

基于目标价值网络(Target Critic Network)输出的价值以及当前价值网络的估值，可以通过最小化损失函数来优化当前价值网络，让它对动作的评估更加真实可靠。利用损失函数$\mathcal{L}(\omega_x)$更新当前价值网络参数 $\omega_{x,t}$，其定义如下：

$$\mathcal{L}(\omega_x) = \frac{1}{|\mathbb{B}|} \sum_{b \in \mathbb{B}} \left[\frac{1}{(U \cdot \mathbb{P}_{x,b})^{\varsigma}} (\vartheta_x)^2 \right] \tag{9-42}$$

式中，ς为正的常数。

为了提升当前策略网络的表现，需利用梯度上升法更新当前策略网络参数 $\theta_{x,t}$，即

$$\nabla_{\theta_x} J(\theta_x) \approx \frac{1}{|\mathbb{B}|} \sum_{b \in \mathbb{B}} (\nabla_{\theta_x} \pi_x(s_{x,b}; \theta_x) \nabla_{a_x} Q_x(\mathcal{S}_{\mathbb{B}}, \mathcal{A}_{\mathbb{B}})) \tag{9-43}$$

在对每一位用户进行一轮策略更新后，为了使算法收敛更加平稳，需对目标价值网络参数 ω'_x 和目标策略网络参数 θ'_x 进行柔和更新，即

$$\omega'_x = (1-\tau)\omega'_x + \tau\omega_x \tag{9-44}$$

$$\theta'_x = (1-\tau)\theta'_x + \tau\theta_x \tag{9-45}$$

式中，τ 表示任务被 CPU 处理后的数据大小。

9.6 具备隐私损失的任务卸载模型设计

在 MEC 场景中，攻击往往以多种形式出现，这里考虑的攻击模型是那些试图通过非法手段窃取用户卸载策略及模型参数的边缘服务器以及其他恶意节点。虽然差分隐私对于具有先验知识的攻击者而言是一种有效的隐私保护方案，但是为了在实验部分更好地度量隐私保护效果，在这一部分将设计用户隐私模型，并给出隐私损失的量化形式，即

$$P_{\text{Loss},t} = -\sum_{\hat{m}} \psi(m \mid n) \cdot \pi_t(m \mid n, t) \cdot \eta_t(\hat{m} \mid n, t) \cdot d_{\text{result},t}(\hat{m}, m) \tag{9-46}$$

式中，$\psi(m|n)$表示攻击者所具备的先验知识，它表示攻击者拥有某车辆 x 将任务卸载到

服务器 m 的先验知识的概率；$\pi_t(m|n, t)$表示车辆 x 的任务卸载策略，即将任务卸载到服务器 m 的概率；$\eta_t(\hat{m}|n, t)$表示攻击者的攻击策略，即攻击者推测车辆 x 将任务卸载到服务器 m 的概率；$d_{\text{result}, t}(\hat{m}, m)$表示攻击者的攻击结果，也就是攻击者的推测是否成功，它的取值为 0 或 1，即

$$d_{\text{result}, t}(\hat{m}, m)=\begin{cases}0, & \text{攻击成功}\\ 1, & \text{攻击失败}\end{cases} \tag{9-47}$$

9.7 基于差分隐私的噪声添加算法设计

考虑到直接在梯度中添加扰动，可能会让噪声在训练过程中不断累积，最终影响数据的可用性，因此选择在用户策略上添加噪声的方式进行隐私保护。受到 WANG 等人[135]工作的启发，本章利用高斯过程向模型输出添加噪声来扰动车辆的卸载策略。具体而言，当使用差分隐私保护数据时，无论输入数据是否包含任何指定用户的信息，数据分析在聚合级别上应该保持一致，并不会因为具体用户的存在或缺失而改变结果。令 d 和 d' 为两个相邻输入，且 d、$d' \in D$。

定义 1. 如果任意两个相邻输入 d、d'以及任意的输出子集$\mathcal{Z} \in \mathcal{U}$能够满足式(9-48)，则称一个随机化机制$\mathcal{M}$满足($\epsilon$, δ)-差分隐私：

$$\mathbb{P}(\mathcal{M}(d) \in \mathcal{Z}) \leqslant \exp(\epsilon)\,\mathbb{P}(\mathcal{M}(d') \in \mathcal{Z}) + \delta \tag{9-48}$$

式中，一个随机化机制$\mathcal{M}$的重要参数是其敏感度。

定义 2. 对于任意两个相邻输入 d、$d' \in D$，一个随机化机制$\mathcal{M}$的敏感度被定义为

$$\Delta_{\mathcal{M}} = \sup_{d, d' \in D} \| \mathcal{M}(d) - \mathcal{M}(d') \| \tag{9-49}$$

随机化机制$\mathcal{M}$的全局敏感度是一个重要参数。其中，$\|\cdot\|$为被定义在$\mathcal{M}$的输出集合$\mathcal{U}$上的范数函数。考虑到$\mathcal{U}$为再生希尔伯特空间(Reproducing Kernel Hilbert Space，RKHS)，则式(9-49)中的$\|\cdot\|$为 RKHS 范式$\|\cdot\|_{\mathcal{H}}$。

为了使需要保护的向量值函数满足(ϵ, δ)-差分隐私，我们采用基于高斯机制的差分隐私算法作为随机化机制$\mathcal{M}(\cdot)$，对卸载策略添加噪声(一个均值为 μ，方差为 σ^2 的高斯分布)。高斯噪声的方差 σ^2 的大小与ϵ 和 δ 有关，通常情况下，随着ϵ 的减小，σ^2 的大小需要相应增加，以保证差分隐私的性质。根据文献[107]，将高斯过程噪声$\mathcal{G}(\mu, \sigma^2, K)$添加在连续的状态动作空间的深度强化学习算法中已被证明是满足差分隐私的，其中，K 是再生希尔伯特空间(RKHS)核，用于高斯过程 $f_{x,t}(s_{t+1}, a) \sim F(M_{x,t}(s_{t+1}), \Sigma_{x,t}(s_{t+1}))$的更新，其中，$M_{x,t}(s_{t+1})$是高斯过程的均值，$\Sigma_{x,t}(s_{t+1})$是高斯过程的协方差。具体而言，当 $0<\epsilon<1$，并且 $\delta \geqslant \sqrt{2\ln(1.25/\delta)}\,\Delta_{\mathcal{M}}/\epsilon$ 时，添加噪声的策略满足(ϵ, δ)-差分隐私。

基于差分隐私的噪声函数添加和更新过程的伪代码在表9-2中给出。通过更新高斯过程，随机抽取噪声函数$g_{x,t}(\cdot)$对策略添加扰动，并输出满足DP隐私保护的策略。上述方法的具体理论证明已在文献[135]中给出。

表9-2　基于差分隐私的噪声函数添加和更新过程伪代码

基于差分隐私的噪声添加算法
输入：车辆x的策略网络$\pi_x(s_{x,t})$，差分隐私扰动函数$g_{x,t}(\cdot,\cdot)$
输出：更新后的差分隐私扰动函数$g_{x,t+1}(\cdot,\cdot)$
1　初始化高斯过程
2　if $y = T/F$ then
3　　　重置差分隐私扰动函数$g_{x,t}(\cdot,\cdot)$
4　end if
5　依据新的观测和动作更新高斯过程的均值和方差
6　从更新后的高斯过程中采样新的噪声函数$g'_{t,x}(s_{t+1},a)$
7　更新噪声函数
8　将更新后的噪声函数添加到用户的策略网络中
9　返回更新后的扰动函数

9.8　基于差分隐私和多智能体强化学习的卸载策略

基于前面对隐私损失的量化结果$P_{\text{Loss},t}$、构造的系统开销O^{t}和O^{e}、定义的惩罚函数$\varphi_{n,t}(v)$和边缘服务器的平均负载V_m，对车辆x构建t时刻下的奖励函数R_t，其形式如下：

$$R_t = \omega_1 \cdot O^{\text{t}} + \omega_2 \cdot O^{\text{e}} + \omega_3 \cdot P_{\text{Loss},t} + \omega_4 \cdot \varphi_{n,t}(v) - \omega_5 V_m \tag{9-50}$$

基于9.7节的工作，本小节提出了基于差分隐私和多智能体深度确定性策略梯度(Differential Privacy and Multi-Agent Deep Deterministic Policy Gradient，DP-MADDPG)的任务卸载方法，该方法的详细内容如下。

宏观上，基于DP-MADDPG的任务卸载方法分为两个阶段，即中心化训练和去中心化执行。在中心化训练阶段，每台车辆和每个边缘节点之间交互产生的经验(包括当前时刻状态、动作、奖励和下一时刻的状态)被上传到云数据中心，以便掌握区域内的全局信息，学习任务卸载策略，提升收敛性能。待中心化训练阶段结束，即算法达到纳什均衡，每台车辆从云端下载任务卸载策略，无需再与云中心进行交互，只需要根据自己的状态作出卸载决策，并进行去中心化执行即可。

基于 DP-MADDPG 的任务卸载方法的中心化训练阶段的具体算法伪代码在表 9-3 中给出。在训练过程中，每个智能体所观测到的信息（如当前时刻状态、环境给的奖励 R_t、下一时刻的状态）被收集在经验重放缓冲区中，进而对缓冲区的序列进行随机抽样，样本用于更新策略价值网络的参数。更详细地说，在每一个 step 中，MADDPG 算法需要学习两个网络，即策略网络和价值网络。当前策略网络会根据观测到的环境状态输出一个动作，这个输出的动作则由当前价值网络进行动作价值评估，并根据做出动作对应的环境的反馈 R_t 修正对动作的估值。在这个阶段中，我们对智能体的策略网络添加扰动，避免用户卸载动作等隐私的泄露，具体方法在 9.5 节中已给出。

表 9-3　基于 DP-MADDPG 的任务卸载方法的中心化训练阶段算法的伪代码

基于 DP-MADDPG 的任务卸载方法的中心化训练阶段算法
输入：状态空间$\mathbb{S}$；动作空间$\mathbb{A}$；奖励函数 R_t； 　　当前策略网络及其参数；目标策略网络及其参数； 　　当前价值网络 $Q_x(\cdot)$ 及其参数 $\omega_x(\cdot)$；目标价值网络 $Q'_x(\cdot)$ 及其参数 $\omega'_x(\cdot)$； 　　差分扰动函数 $g_{x,t}(\cdot,\cdot)$；环境参数 输出：目标策略网络 $\pi'_x(\cdot)$ 1　初始化任务卸载系统 2　初始化差分扰动函数 3　for episode = 1 to Y do 4　　重置环境 5　　for step = 1 to T do 6　　　利用表 9-2 中的算法更新 $g_{x,t}(\cdot,\cdot)$，并将噪声添加在用户策略网络 $\pi_x(\cdot)$ 上 7　　　每个用户执行卸载决策：$a_{x,t}=\pi_x(s_{x,t})+g_{x,t+1}(s_{t+1},\pi_x(s_{x,t}))$ 8　　　卸载系统根据做出的卸载动作 $a_t=\{a_{x,t}\mid x\in\mathcal{N}\}$，获得奖励 r_t 和状态 s_{t+1} 9　　　为经验(s_t, a_t, r_t, s_{t+1})附上优先级$\lvert\vartheta_{x,b}\rvert+\iota$ 并储存到经验重放缓冲区 E 中 10　　　带有优先级$\lvert\vartheta_{x,b}\rvert+\iota$ 的经验(s_t, a_t, u_t, s_{t+1})存储至经验重放缓冲区 E 中 11　　　for user device = 1 to X do 12　　　　从经验重放缓冲区 E 中随机抽样最小批次 B 9　　　　计算目标价值 10　　　　最小化损失函数，更新 $Q_x(\cdot)$ 网络参数 ω_x

续表

基于 DP-MADDPG 的任务卸载方法的中心化训练阶段算法
11 最大化策略梯度，更新 $\pi_x(\cdot)$ 网络参数 θ_x
12 end for
13 柔和更新 $Q'_x(\cdot)$ 网络参数 ω'_x 和 $\pi'_x(\cdot)$ 网络参数 θ'_x
14 更新 B 中样本的优先级
15 end for
16 end for
17 返回目标策略网络 $\pi'_x(\cdot)$

9.9 仿真结果与对比分析

本节主要比较了几个基于强化学习算法(如 DDPG、MADDPG)的卸载方法分别在 5 个用户、10 个用户和 15 个用户规模下的收敛情况。此外，考虑到用户规模会影响算法的收敛性，在不同的用户规模下对算法的收敛性进行了比较。在训练过程中，由于算法通常会在一段时间后收敛，所以算法收敛性评估的标准是收敛到稳定状态所需的迭代轮数。举例来说，一个在第 500 回合收敛的算法比一个在第 1000 回合收敛的算法的收敛性要好。

9.9.1 算法性能

由于 DDPG 没有像 MADDPG 和 DP-MADDPG 那样的全局观测，因此，在不同用户规模下，DDPG 面对高度动态的卸载环境和不断改动的卸载策略，即使在算法整体收敛后，其平均奖励和奖励方差也依然呈现较大的震荡。而且由于我们利用 PER 对原有的 MADDPG 做出了改进，因此 DP-MADDPG 的收敛性会优于 MADDPG 算法。此外，随着用户规模的增长，实验结果显示，DDPG 明显不能像 MADDPG 或 DP-MADDPG 那样适应更大规模的用户数量。

当设置环境中的用户数量为 5 时，3 种算法的收敛情况如图 9－3 所示。通过实验结果来看，基于 DP-MADDPG 的卸载方法在进行了大约 2000 回合迭代后实现了该算法的最优解；基于 MADDPG 的卸载方法在进行了 2700 回合左右的迭代后找到了最优解；而基于 DDPG 的卸载方法相比前两者的收敛速度和稳定性都要差，在进行了 3100 回合左右的迭代后才整体收敛。

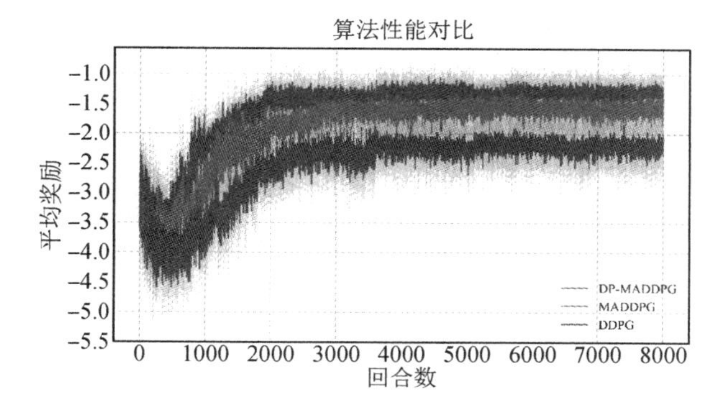

图 9-3 5 个车辆规模下三种算法的性能对比

当用户数量为 10 时，各个算法的收敛性能展示在图 9-4 中。随着用户数量的增长，三种卸载方法的收敛速度都受到了一定程度的影响。基于 DDPG 的卸载方法在收敛速度和稳定性方面表现不佳，在历经 3500 回合迭代后整体收敛，但震荡幅度较大，在 -2.8 和 -3.2 之间；基于 MADDPG 和基于 DP-MADDPG 的卸载方法相对而言收敛速度更快，稳定性更好，分别在大约第 2500 回合处和第 3200 回合处收敛。

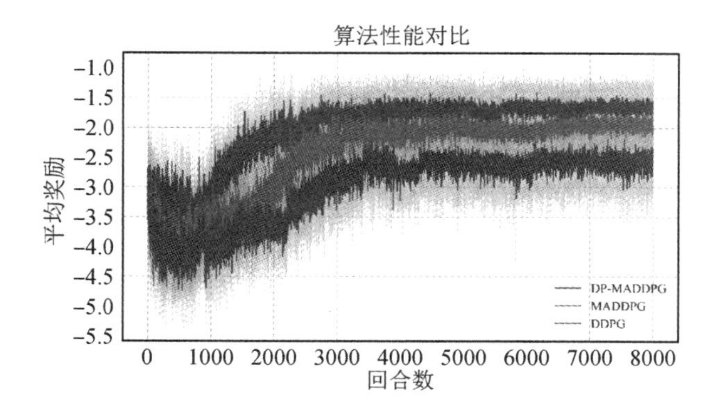

图 9-4 10 个车辆规模下三种算法的性能对比

当用户数量扩大至 15 时，环境更加复杂多变，3 种算法的收敛速度都有所减慢。如图 9-5 所示，基于 DDPG 的卸载方法的收敛性和稳定性受到较大影响；基于 MADDPG 和基于 DP-MADDPG 的卸载方法在收敛速度和稳定性方面也随着用户数量的增加性能有所下降。最终，基于 MADDPG 的卸载方法在大约第 4500 回合处收敛，基于 DP-MADDPG 的卸载方法在第 3900 回合处收敛。

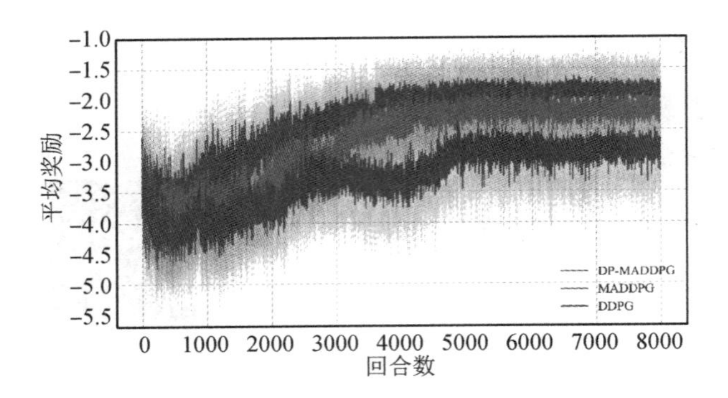

图 9－5　15 个车辆规模下三种算法的性能对比

从实验结果来看，改进后的基于 DP-MADDPG 的卸载方法能够获得更好的收敛速度，并能在每一个回合结束后获得更多的平均奖励，并且多轮回合的奖励方差最小，稳定性最好。

9.9.2 时延

本小节的实验展示了基于 DDPG 和基于 MADDPG 的卸载方法与本章基于 DP-MADDPG 的卸载方法在系统效用和隐私保护方面的对比。为了更贴近真实环境，在时延和隐私评估的实验中将用户数量统一设定为 15。整体而言，基于 DP-MADDPG 的卸载方法在能耗和时延方面优于基于 MADDPG 的卸载方法，但是在隐私损失的实验中，基于 DP-MADDPG 的卸载方法明显好于没有任何保护措施的基于 MADDPG 的卸载方法和基于 DDPG 的卸载方法。

为了研究系统带宽对卸载时延的影响，本节用 3 种算法分别在不同的系统带宽下做了对比试验。实验结果如图 9－6 所示。通过图 9－6 可以直观地看到基于三种算法的卸载方法的系统平均时延随着带宽的增加而减少。具体而言，基于 DP-MADDPG 的卸载方法比其他两个方法拥有更快的卸载执行速度，并且基于 MADDPG 的卸载方法的系统时延仅次于

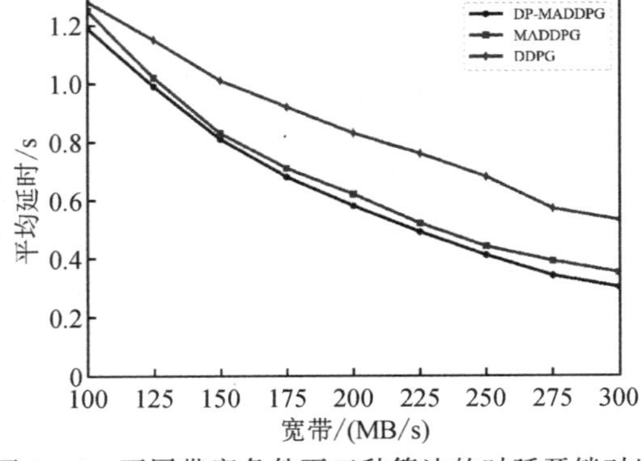

图 9－6　不同带宽条件下三种算法的时延开销对比

基于 DP-MADDPG 的卸载方法，而基于 DDPG 的卸载方法的卸载执行速度最慢。

9.9.3 能耗

图 9－7 显示了三种用户规模下不同算法对应的系统标准化能耗对比。由图 9－8 可以看出，基于 DP-MADDPG 的卸载方法使用的系统能耗最少，优于基于 MADDPG 和基于 DDPG 的卸载方法。并且，随着用户规模的不断扩大，基于 MADDPG 和基于 DDPG 的卸载方法的系统能耗与基于 DP-MADDPG 的卸载方法的能耗差距越来越大，这也在一定程度上说明基于 DP-MADDPG 的卸载方法相比这两个基线算法更能适应大规模的用户卸载场景。

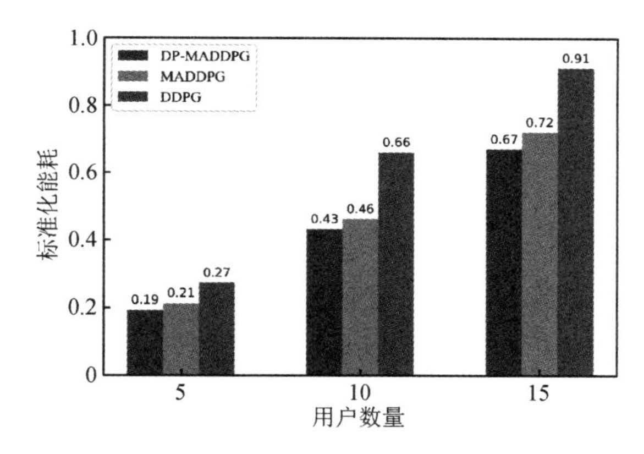

图 9－7　三种用户规模下不同算法对应的标准化能耗对比

9.9.4 隐私损失

在隐私损失的评估部分，本节选取了算法收敛后的 2000 回合中的隐私损失量化值来观察这些方法的隐私保护效果。由于基于 DDPG 和基于 MADDPG 的卸载方法没有采取任何保护措施，因此在图 9－8 中，可以观察到这两种基线算法的隐私损失要远远大于本章提出的卸载方法。基于 DP-MADDPG 的卸载方法的平均隐私损失基本维持在 0.08～0.27，方差较小，而基于 MADDPG 的卸载方法和基于 DDPG 的卸载方法的平均隐私损失则在 0.65～0.95 区间随机震荡。并且，基于 DDPG 的卸载方法的振幅和方差都略微大于基于 MADDPG 的卸载方案的振幅和方差。

综上所述，基于 DP-MADDPG 的卸载方法在时延、能耗和隐私损失这三个指标中，均好于基于另外两种基线算法的卸载方法。

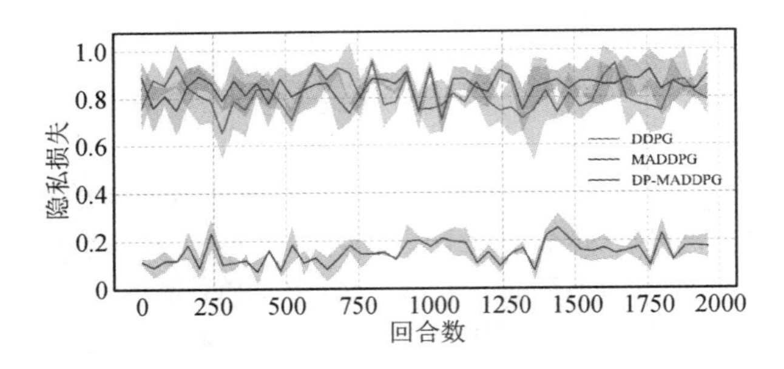

图 9-8　三种算法的隐私损失对比

本章小结

在本章工作中，提出了一种基于差分隐私的多智能体深度强化学习(DP-MADDPG)方法来实现车联网情境下隐私保护的任务卸载。与传统的基于AI技术的任务卸载方法相比，本章所提出的基于DP-MADDPG的卸载方法利用了高斯差分隐私机制对模型采取保护措施，可以在抵抗策略隐私泄露的情况下实现长期最小化系统效能。此外，本章工作利用优先经验回放为样本设立优先级，可以提高样本的利用率，提高算法的稳定性，使学习更加高效。最后，在仿真实验中从算法收敛性和系统效能等方面进行了对比实验，用以评估基于DP-MADDPG的卸载方法的优劣。实验结果表明，对比实验中的其他两种基线算法，基于DP-MADDPG的卸载方法在最小化车联网的系统开销和策略隐私保护方面具有良好的表现。

第十章 基于区块链的车联网数据隐私保护

随着互联网技术的不断进步，日常生活中时刻都在产出海量数据，用户对于网络安全保障的需求也变得日益迫切，尤其是在面对各种复杂现实环境以及更多设备和人员的参与，以及高度动态变化的拓扑结构等挑战时，需要解决在移动边缘计算中的个人信息可得性与用户隐私保护之间存在的矛盾。这些多样化的异构数据，除了隐藏于内部的巨大商业价值外，还暗含着大量潜在的个人隐私，为现实世界带来数据权属归属和数据安全等一系列信任问题，数据信息泄露等风险更进一步威胁到边缘计算在各行各业的广泛应用。一旦用户进行数据卸载等操作想要将数据提交至边缘通信节点，相关的数据极有可能会毫无遮掩地暴露在非法通信节点面前，因此，如何妥善处理这一问题，确保用户的隐私安全便显得尤为重要。因此，为了使用户在享受高质量服务的同时免受隐私信息被非法获取之害，在设计与构建移动边缘计算架构时，必须重视数据隐私保护模型的建立和实施。

由于区块链技术的去中心化的核心特性，能有效地解决许多与“信任”相关的问题，为涉及众多用户以及不同服务器的数据交互环境提供了数据一致性的保障，同时也构建了一个安全、可靠的数据处理平台，降低了因为数据隐私泄露所引发的潜在风险。但是，区块链技术的交易公开性也存在弊端，数据请求方的数据属性集合被封装在交易信息中，借助共识算法将这些信息向整个区块链网络进行广播，使之对全部节点均呈现公开可识别的状态。这种方式非常容易遭受来自不法通信节点的攻击，可能非法获取并利用数据属性集合，进而生成相应的用户加密密钥，从而获取区块链上的交易敏感数据。

Paillier 同态加密技术允许在不知道私钥的前提下实现加密数据的运算处理，且计算所得出的经过解密的加密数据的结果与直接对原始明文进行相应操作所获取的结果一致。鉴于此项特性，可运用 Paillier 同态加密技术来应对移动边缘计算区块链上各互不信任的参与方之间实施互操作的数据安全问题。这就意味着，Paillier 同态加密技术能对车联网区块链中所发布的各类数据及其交互过程中的数据、数据状态属性等实行充分的加密保护，在确保数据安全性的前提下顺利完成相关数据的操作，参与到车联网平台中的用户数据隐私也就得到了有力保障。

10.1 基于 Paillier 同态加密的车联网块数据结构

10.1.1 Paillier 同态加密算法

Paillier 同态加密算法是在 1999 年提出的一套有关加法同态加密系统的理论体系。作为一种适用于公共密码学领域的概率称量算法，paillier 同态加密算法的机制如下：

(1) 密钥生成。

取随机的两个大素数 p 与 q，计算 $N=p\times q$，并且 $\lambda=\text{lcm}(p-1, q-1)$，满足$\gcd(pq, (p-1)(q-1))=1$。

选取随机数 $g\in Z_{N^2}^*$，通过模乘逆确认除阶：

$$\mu=(L(g^{\lambda}\bmod n^2))^{-1}\bmod N \tag{10-1}$$

式中，(N, g)为公钥，(λ, μ)为私钥。

$g=n+1$，$\lambda=\varphi(n)$，$\mu=\varphi(n)^{-1}\bmod n$，且满足 $\varphi(n)=(p-1)(q-1)$，p 与 q 在之前的过程已生成且长度相同。

(2) 数据加密。

设加密数据为 m，$0\leqslant m<n$。选取随机整数，$0<r<n$，则密文计算为

$$c=g^m\cdot r^n\bmod n^2 \tag{10-2}$$

(3) 密文解密。

设需要解密密文为 c，$c\in Z_{N^2}^*$，则计算明文的公式为

$$m=L(c^{\lambda}\bmod n^2)\cdot\mu\bmod n \tag{10-3}$$

10.1.2 块数据结构

本章将用户要进行任务卸载的数据 msg 分为两种，一种是公开数据 msgP，另一种是需要进行 Paillier 同态加密的隐私数据 msgC。在经过 10.1.1 节的密钥生成与数据加密后，生成区块散列与解密的过程如下：

(1) 生成区块散列。

msg=msgC∪msgP，使用区块链分配的私钥对 msg 进行签名，并对签名后的数据生成散列值，写入车联网区块链的区块头中。

假设用户向车联网平台卸载的数据为 msgC_1，msgC_2，取任意的 r_1，$r_2\in Z_{N^2}^*$，加密可以得到：

$$c_1=E(\text{msgC}_1, r_1) \tag{10-4}$$

$$c_2 = E(\mathrm{msgC}_2, c_2) \tag{10-5}$$

$$c_1 \cdot c_2 = E(\mathrm{msgC}_1, r_1) \cdot E(\mathrm{msgC}_2, r_2) = (g^{\mathrm{msgC}_1 + \mathrm{msgC}_2} \cdot (r_1 \cdot r_2)^N) \bmod N \tag{10-6}$$

满足 $F(E(x), E(y)) = E(x+y)$，F 表示任意运算，即可以在不公布用户所卸载的数据的情况下得到数据和密文。

(2) 解密。

对生成的密文 c 使用私钥(λ, μ)进行解密，就可得到明文 msg：

$$\mathrm{msg} = D(c) = \left[\frac{L(c^{(\lambda, \mu)} \bmod N^2 \bmod N)}{L(g^{(\lambda, \mu)} \bmod N^2)}\right] \bmod N \tag{10-7}$$

对求和后的数据解密如下：

$$\begin{aligned} D(c_1, c_2) &= D[E(\mathrm{msgC}_1, r_1) \cdot E(\mathrm{msgC}_2, r_2)] \\ &= D[g^{\mathrm{msgC}_1 + \mathrm{msgC}_2} \cdot (r_1 \cdot r_2)^N \bmod N] \\ &= (\mathrm{msgC}_1 + \mathrm{msgC}_2) \bmod N \end{aligned} \tag{10-8}$$

10.2　隐私保护模型

本节主要介绍基于区块链和 Paillier 同态加密技术的车联网数据隐私保护方案的模型。

10.2.1　模型概述

从车联网数据隐私保护模型的设计角度出发，服务于该模型的区块链网络由底层向上可以划分为四个实施层次，即网络与数据组织协议层、分布式共识协议层，以及基于分布式虚拟机的自组织架构层和交互层。

10.2.2　模型工作过程

隐私保护模型在运行过程的具体步骤如下：

(1) 创建车联网网络的区块链主链，并根据 POW 规则产生首个包含交易的区块。选择车联网的边缘服务器作为账簿管理节点以及拥有记账权限的用户节点。完成交易后将节点打包形成区块，在得到大部分车联网网络节点的确认并同意后，可将其添加至区块链中。

(2) 分配节点密钥与同态加密密钥。首先，由服务器生成车联网节点的公钥及同态加密公钥，然后通过加密信道将用户的私钥和同态加密私钥分发给每个用户。同时，负责记账的用户节点需记录并保存块中的同态公钥。

(3) 发布经过签名认证的数据包。当某一用户节点要将其计算任务卸载至服务器进行计算处理时，首先需要将数据划分成 msgC 与 msgP 两部分，随后借助同态加密算法将 msgC 进行加密处理，将密文和 msgP 打包于同一个数据包内；完成上述步骤后，使用用户的私人密钥对数据包进行签名，确保数据完整性与真实性；最后，已签名认证的数据包会被上传至车联网网络的区块链上进行同步。

10.3 实验结果与分析

10.3.1 密钥生成效率评估

在 Paillier 同态加密算法中，公钥为(N, g)，其中 $N = p \times q$，私钥(λ, μ)为

$$\lambda = \mathrm{lcm}(p-1, q-1) \tag{10-9}$$

$$\mu = (L(g^{\lambda} \bmod N^2))^{-1} \bmod N \tag{10-10}$$

本小节用实验测试 Paillier 密钥生成时间，测试结果如图 10-1 所示。在本实验中，生成了 64 bit、128 bit、256 bit、512 bit、1024 bit 的加密密钥。当加密密钥长度逐渐增加时，其所花费的时间也相应地呈阶梯式增加，这种增长趋势是遵循密码学的基本理论的。长密钥的优势在于具备更高的加密安全等级，随之而来的则是加密和解密运算成本的显著提升。这就意味着，在保证同等安全水平的前提下，随着密钥长度的增加，所需的计算资源也将呈现出正比关系。较之短密钥，长密钥尽管加密和解密的计算复杂性有所提升，但在处理时间敏感型任务时，显然无法胜任。因此，在车联网领域中，如何在安全性能和运行效率之间寻求平衡成为了重要的问题。

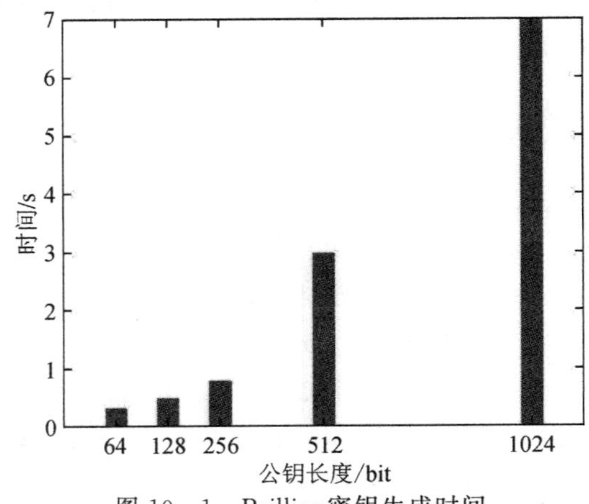

图 10-1 Paillier 密钥生成时间

10.3.2　加密与解密效率评估

如图 10－2 所示为在密钥长度分别定为 64 bit、128 bit、256 bit、512 bit、1024 bit 的条件下，对长度为 32 bit 的数据进行加密操作所需耗费的时间。随着密钥长度不断增加，无论是加密或是解密的过程，其所消耗的时间均成正相关性的增长趋势。密钥长度的增加直接使得加密以及解密运算的复杂程度相应提高，进而在性能层面对其产生不小的损耗。密钥长度的增加并非仅仅代表更为强大的数字签名防护能力以及更高层次的安全保障。任何一种加密算法都可以通过暴力方式破解，然而，在密钥长度相对较长的情况下，暴力破解所需耗费的时间也会增加。通过增加密钥长度来提升安全等级的举措实际上是以牺牲计算效率作为代价的，特别是在处理大规模数据时，加密及解密所需要花费的时间将会明显延长。

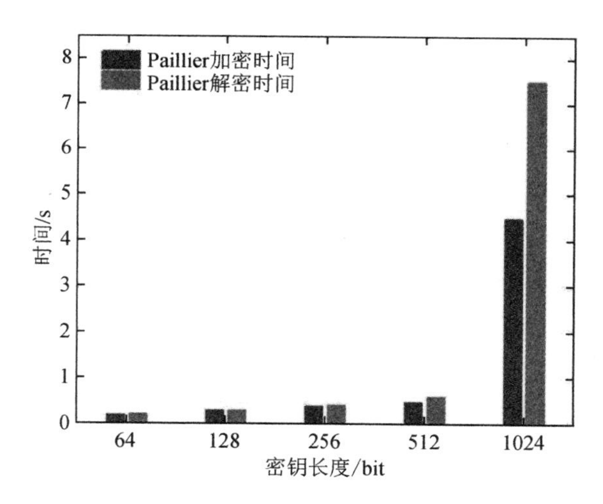

图 10－2　Paillier 加密和解密效率评估

本章小结

在本章中，提出了一种基于区块链的隐私保护的数据传输方案。将 Paillier 同态加密技术应用于区块链，可以有效地保护敏感信息，解决区块链的隐私保护问题。安全性分析证明了该方案具有较高的安全性。

第十一章　基于联邦强化学习的车联网资源分配

在5G通信设备大量普及的场景下，车联网中供车辆用户使用的应用服务越发多样化，满足了驾驶者、乘客等不同人群的使用需求。但与之相反的是车辆设备自身的计算资源有限，无法满足这些应用的执行需求，因此拥有充足计算资源并且部署在车辆周围的边缘服务器成为了协助任务计算优先考虑的对象，许多车辆将任务卸载到边缘服务器来协助计算，减少了任务处理的延迟。但是随着车辆数量的激增和一些计算密集型任务的出现，边缘服务器的资源也开始呈现出紧缺的情况，因此，有必要合理配置环境中所有能使用的资源，提升任务的处理效率。同时，设备的续航时间也会对用户的使用体验产生极大的影响，因此减少任务处理时的能耗也应在任务决策的时候有所考虑。

为了解决上述问题，本章节构建了一个基于“云-边-端”三层网络结构的车联网应用场景并对任务的卸载过程进行了建模。在该场景下，MEC服务器、云中心服务器、相邻空闲车辆都能当作任务卸载的对象来协助完成计算任务。针对资源配置问题，本章提出了基于多智能体强化学习的任务卸载和资源分配方案，并且结合联邦学习优化了模型训练的过程，在合理分配环境中有限的资源的同时有效减少了任务执行时的延迟和能量消耗，提升了任务的完成率。

11.1　任务卸载模型

在设计任务卸载和资源分配方案前，首先需要考虑到车联网中的环境因素。本节接下来将详细介绍车联网中任务卸载的过程以及通信模型、计算模型和系统成本模型的构建方法。

11.1.1　车联网模型概况

由于通信技术的发展，新一代车联网中可能存在大量的计算密集型和延迟敏感型的应用，这些应用可以选择在本地设备、MEC服务器或云中心服务器上进行处理，以获得最好的任务执行结果。如图11-1所示，本章假设了一个基于“云-边-端”网络结构的车辆任务卸载应用场景，其中包括设备层、边缘计算层、云中心层。设备层中的车辆在移动过程中会产生各种不同的任务，由于车辆有限的能源和计算资源，有些计算任务需要通过V2I通信卸载到MEC服务器或云中心服务器协助计算。边缘计算层中的MEC服务器通过路侧单元(RSU)实时获取车辆的状态信息(如任务队列、车速、位置、无线资源等)，相较于云中心层，其更快的请求响应速度能为车辆设备提供更好的任务处理服务。云中心层中包含多核的云中心服务器，虽然它和MEC服务器之间较长的距离会对数据传输造成一定延迟，但是其充足的计算能力可以处理车辆中计算要求高、耗时久的任务。边缘计算层位于设备层和云中心层之间，该层中的MEC服务器连接了车辆设备和云中心服务器，在车辆设备卸载任务的过程中起到重要作用，大量数据都经由其传输或存储。同时，它作为决策者也决定了资源分配和任务卸载的策略，其中，任务卸载的执行方式包括以下五种：

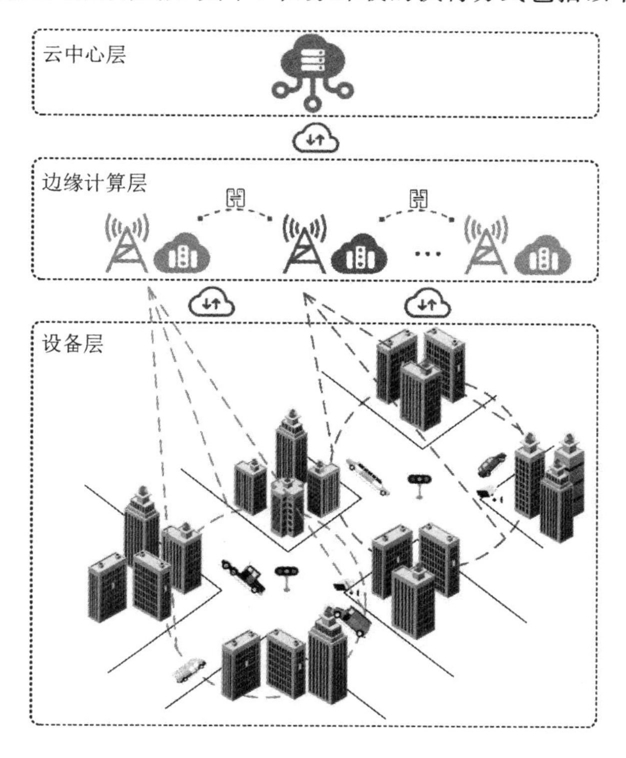

图11-1　网络结构

(1) 本地执行；

(2) 卸载到MEC服务器；

(3) 卸载到相邻 MEC 服务器;

(4) 卸载到相邻车辆;

(5) 卸载到云中心服务器。

MEC 服务器的决策过程如图 11-2 所示,决策过程可分为以下几个步骤:

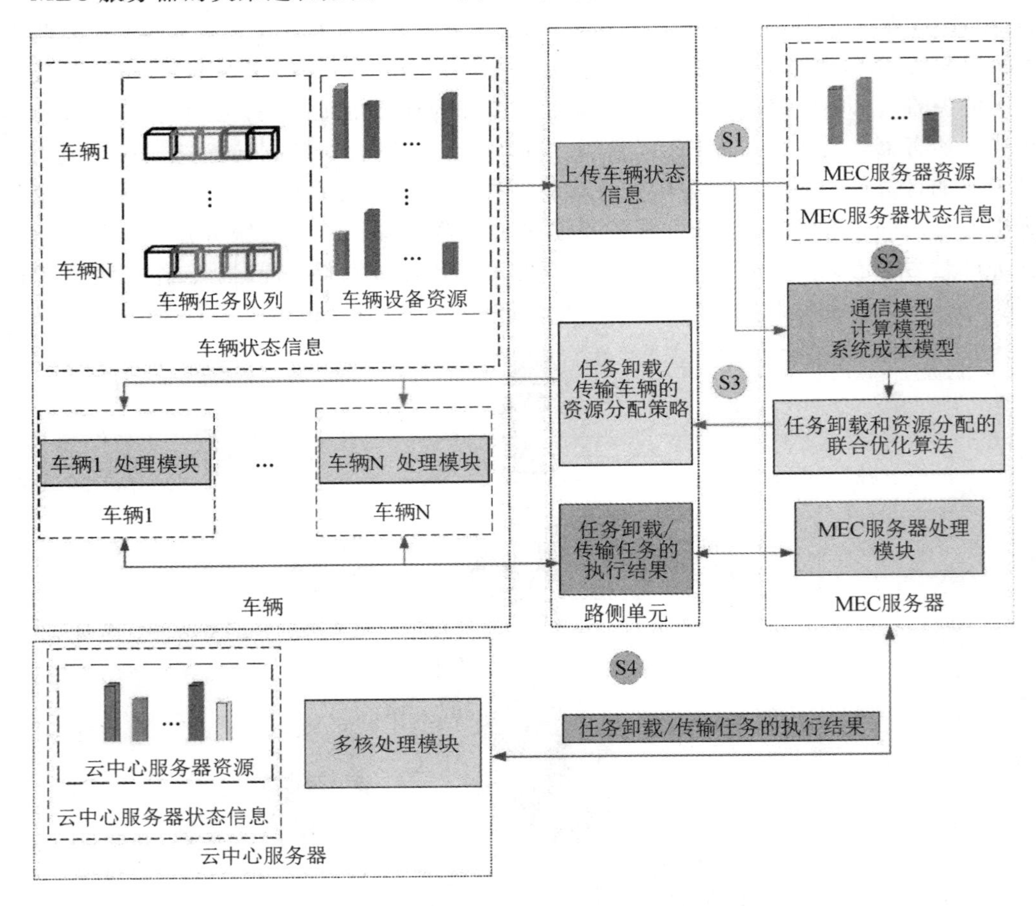

图 11-2 MEC 服务器的决策过程

(1) S1:车辆通过路侧单元获取通信资源,将车辆设备资源、车辆任务队列等车辆状态信息周期性上传至 MEC 服务器。

(2) S2:根据周围设备的状态信息和车辆中待处理任务的要求,MEC 服务器建立起通信模型、计算模型和系统成本模型,用于分析资源分配和任务卸载方案。

(3) S3:为了获得资源分配和任务卸载的最优策略,MEC 服务器使用基于 MADDPG 的优化算法进行模型训练,并在模型训练完后。

(4) S4：车辆设备通过路侧单元接收 MEC 服务器下发的决策后，执行相应的操作。当任务卸载到 MEC 服务器或云中心服务器时，MEC 服务器直接执行任务或将其进一步卸载到云中心服务器，得出的计算结果通过路侧单元反馈给车辆设备。当任务卸载到相邻车辆或相邻 MEC 服务器协助执行时，会占用额外的通信资源。

11.1.2 任务类型

在车联网场景下，大量不同类型的应用服务可供用户使用(如在线导航、自动驾驶等)，应用中产生的任务需求也各有不同。假设 $A_{n,t}=\{\varphi_n^{\mathrm{da}}, \varphi_n^{\mathrm{co}}, \varphi_n^{\mathrm{de}}\}$表示车辆 n 在时间 t 产生的任务，其中，φ_n^{da}、φ_n^{co}、φ_n^{de} 分别表示任务的大小、完成任务所需的计算资源、任务可接受的最大延迟。考虑到车辆在行驶过程中会产生许多不同类型的任务，本章根据任务的延迟要求将它们分为以下三类：

(1) 高优先级任务 $A^{\mathrm{h}}=\{\varphi_{\mathrm{h}}^{\mathrm{da}}、\varphi_{\mathrm{h}}^{\mathrm{co}}、\varphi_{\mathrm{h}}^{\mathrm{de}}\}$：该类任务一般指应急辅助类应用。例如，车载系统为车辆提供的碰撞预警和紧急制动功能通常对延迟有很高的要求，任务可接受的最大延迟 $\varphi_{\mathrm{h}}^{\mathrm{de}}$ 应小于 Thre1。此类车辆安全任务适合本地执行。

(2) 中优先级任务 $A^{\mathrm{m}}=\{\varphi_{\mathrm{m}}^{\mathrm{da}}, \varphi_{\mathrm{m}}^{\mathrm{co}}, \varphi_{\mathrm{m}}^{\mathrm{de}}\}$：该类任务主要涉及辅助导航相关的应用，如自适应巡航系统、车道保持系统、地图导航等辅助驾驶应用。车辆在这些辅助应用的帮助下保持相对稳定的车速，任务对延迟的要求相对较低，可接受的最大延迟 $\varphi_{\mathrm{m}}^{\mathrm{de}}$ 应在 Thre1 和 Thre2 之间。此类任务适合卸载到 MEC 服务器或相邻车辆执行。

(3) 低优先级任务 $A^{\mathrm{l}}=\{\varphi_{\mathrm{l}}^{\mathrm{da}}, \varphi_{\mathrm{l}}^{\mathrm{co}}, \varphi_{\mathrm{l}}^{\mathrm{de}}\}$：该类任务通常有泊车导航和多媒体娱乐等应用。这些应用有大量的应用数据需要处理且对延迟的要求比较低，任务可接受的最大延迟 $\varphi_{\mathrm{l}}^{\mathrm{de}}$ 通常大于 Thre2。此类任务适合卸载到云中心服务器执行。

任务的需求不同，根据其特性进行分类有利于提升系统的处理效率。

11.1.3 通信模型

车联网中任务卸载、策略下发和结果传输所需的通信资源通常由路侧单元提供，在建模时主要根据香农公式计算出通信的传输速率。

下面根据车联网中通信对象的不同分别进行分析。

(1) 车辆设备与 MEC 服务器间的传输速率。车辆设备和 MEC 服务器进行通信时需要路侧单元为其提供频谱资源。假设车辆 n 产生的任务 $A_{n,t}$ 需要被卸载到 MEC 服务器 e。上行信道频谱资源的总量为 C_e^{SR}，上行信道的总数为 K^e，且通道集合为$\mathbb{K}^e$，则每个子信道的带宽 $B^e=C_e^{\mathrm{SR}}/K^e$。分配给车辆 n 的上行信道 k 的传输速率可表示为

$$r_{n,k}^e=B^e\mathrm{lb}\left(1+\frac{P_n^e \cdot h_{n,k}^e}{\sigma^2+i_{n,k}^e}\right) \tag{11-1}$$

式中，P_n^e 是车辆n 卸载任务时的功率；σ^2 是噪声功率；$h_{n,k}^e$ 和 $i_{n,k}^e$ 分别为信道增益和信道干扰。

本章用 $x_{n,k}^e$ 表示上行信道 k 是否分配给了车辆 n，$x_{n,k}^e=1$ 表示已分配；反之，$x_{n,k}^e=0$。车辆 n 与 MEC 服务器 e 之间的传输总速率可表示为

$$r_n^e=\sum_{k\in\mathbb{K}^e}x_{n,k}^e\cdot r_{n,k}^e \tag{11-2}$$

类似的，分配给车辆 n 的下行信道 k 的传输速率可表示为

$$\tilde{r}_{n,k}^e=\tilde{B}^e\,\mathrm{lb}\left(1+\frac{P_n^e\cdot\tilde{h}_{n,k}^e}{\sigma^2+\tilde{i}_{n,k}^e}\right) \tag{11-3}$$

车辆 n 与 MEC 服务器 e 之间的下行信道传输总速率可表示为

$$\tilde{r}_n^e=\sum_{k\in\mathbb{K}^e}\tilde{x}_{n,k}^e\cdot\tilde{r}_{n,k}^e \tag{11-4}$$

(2) MEC 服务器之间的传输速率。由于 MEC 服务器有时无法满足任务的计算需求，需要将任务卸载到相邻 MEC 服务器上。假设 MEC 服务器 e 需要将任务卸载到相邻 MEC 服务器 $e'\in\mathbb{E}$上。上行信道频谱资源的总量为 C_{e2e}^{SR}，上行信道的总数为 K^{e2e} 且通道集合为 $\mathbb{K}^{e2e}$，则每个子信道的带宽 $B^{e2e}=C_{e2e}^{\mathrm{SR}}/K^{e2e}$。分配给 MEC 服务器 e 的上行信道 k 的传输速率可表示为

$$r_{n,k}^{e'}=B^{e2e}\,\mathrm{lb}\left(1+\frac{P_n^{e'}\cdot h_{n,k}^{e'}}{\sigma^2+i_{n,k}^{e'}}\right) \tag{11-5}$$

式中，$P_n^{e'}$ 是 MEC 服务器 e 卸载任务时的功率；σ^2 是噪声功率；$h_{n,k}^{e'}$ 和 $i_{n,k}^{e'}$ 分别为信道增益和信道干扰。

本章用 $x_{n,k}^{e'}$ 表示上行信道 k 是否分配给了 MEC 服务器 e，$x_{n,k}^{e'}=1$ 表示已分配；反之，$x_{n,k}^{e'}=0$。MEC 服务器 e 与相邻 MEC 服务器 e'之间的传输总速率可表示为

$$r_e^{e'}=\sum_{k\in\mathbb{K}^{e2e}}x_{n,k}^{e'}\cdot r_{n,k}^{e'} \tag{11-6}$$

(3) 车辆设备之间的传输速率。为了减轻 MEC 服务器的计算负担，当周围车辆设备有空闲的计算资源能利用时，车辆之间可以通过 V2V 通信来卸载任务，缓解计算压力。假设上行信道频谱资源的总量为 C_{n2n}^{SR}，上行信道的总数为 K^{n2n}，且通道集合为$\mathbb{K}^{n2n}$，则每个子信道的带宽 $B^{n2n}=C_{n2n}^{\mathrm{SR}}/K^{n2n}$。分配给车辆 n 的上行信道 k 的传输速率可表示为

$$r_{n,k}^{n'}=B^{n2n}\,\mathrm{lb}\left(1+\frac{P_n^{n'}\cdot h_{n,k}^{n'}}{\sigma^2+i_{n,k}^{n'}}\right) \tag{11-7}$$

式中，$P_n^{n'}$ 是车辆 n 卸载任务时的功率；σ^2 是噪声功率；$h_{n,k}^{n'}$ 和 $i_{n,k}^{n'}$ 分别为信道增益和信道干扰。

用 $x_{n,k}^{n'}$ 表示上行信道 k 是否分配给了车辆 n，$x_{n,k}^{n'}=1$ 表示已分配；反之，$x_{n,k}^{n'}=0$。车

辆 n 与 n' 之间的传输总速率可表示为

$$r_n^{n'} = \sum_{k \in \mathbb{K}^{n2n}} x_{n,k}^{n'} \cdot r_{n,k}^{n'} \tag{11-8}$$

（4）MEC 服务器与云中心服务器间的传输速率。由于 MEC 服务器和云中心服务器使用高速光纤连接，传输速度相对稳定，它们之间的传输速率可用一个固定值 r_e^c 表示。

11.1.4 计算模型

计算模型包括延时和能耗两方面，建模时还需考虑到任务在传输、执行过程中环境因素对其造成的影响。下面根据任务的不同执行方式分别进行分析。

（1）本地执行的计算模型。车辆使用本地资源执行任务，节省了任务上传的时间，符合 A^{h} 类任务的要求。当任务 $A_{n,t}$ 本地执行时，车辆 n 给任务分配计算资源 f_n，任务的执行时间和能耗可分别表示为

$$T_n^{\mathrm{loc}} = \frac{\varphi_n^{\mathrm{co}}}{f_n} \tag{11-9}$$

$$E_n^{\mathrm{loc}} = \eta_n (f_n)^2 \varphi_n^{\mathrm{co}} \tag{11-10}$$

式中，$\eta_n (f_n)^2$ 表示车辆 n 的单位计算资源能耗，η_n 的值取决于芯片结构。

（2）卸载到 MEC 服务器的计算模型。当车辆的计算资源无法满足任务需求时，可以借助 MEC 服务器协助计算。假设同一范围内的车辆会将任务卸载到相同的 MEC 服务器上，f_e 表示 MEC 服务器 e 的计算资源，θ_n^e 表示任务 $A_{n,t}$ 所分得的计算资源的比例。由于 A^{m} 类任务的结果通常较小，本章忽视结果的传输时间，于是任务的执行时间可表示为

$$T_{n,e}^{\mathrm{edge}} = \frac{\varphi_n^{\mathrm{da}}}{r_n^e} + \frac{\varphi_n^{\mathrm{co}}}{\theta_n^e f_e} \tag{11-11}$$

能耗主要包含传输和计算两部分，因此完成任务 $A_{n,t}$ 所需的总能耗可表示为

$$E_{n,e}^{\mathrm{edge}} = \frac{P_n^e \varphi_n^{\mathrm{da}}}{r_n^e} + \varphi_n^{\mathrm{co}} C_e \tag{11-12}$$

式中，C_e 表示 MEC 服务器 e 的单位计算资源能耗。

（3）卸载到相邻 MEC 服务器的计算模型。考虑到 MEC 服务器计算、存储资源的限制，利用相邻的 MEC 服务器资源也能缓解服务器压力。假设 MEC 服务器 e 向相邻 MEC 服务器 e' 卸载任务，$f_{e'}$ 表示相邻 MEC 服务器 e' 的计算资源，$\theta_n^{e'}$ 表示任务 $A_{n,t}$ 所分得的计算资源的比例，则任务的执行时间可表示为

$$T_{n,e,e'}^{\mathrm{edge}} = \frac{\varphi_n^{\mathrm{da}}}{r_n^e} + \frac{\varphi_n^{\mathrm{da}}}{r_e^{e'}} + \frac{\varphi_n^{\mathrm{co}}}{\theta_n^{e'} f_{e'}} \tag{11-13}$$

完成任务 $A_{n,t}$ 所需的总能耗可表示为

$$E_{n,e,e'}^{\text{edge}}=\frac{P_n^e\varphi_n^{\text{da}}}{r_n^e}+\frac{P_n^{e'}\varphi_n^{\text{da}}}{r_n^{e'}}+\varphi_n^{\text{co}}C_{e'} \tag{11-14}$$

式中，$C_{e'}$表示 MEC 服务器 e'的单位计算资源能耗。

(4) 卸载到相邻车辆的计算模型。和卸载到相邻 MEC 服务器的方式相似，该方式也适合 A^{m} 类任务。$n'\in\mathbb{N}$表示相邻车辆，$f_{n'}$表示相邻车辆的计算资源，则任务的执行时间可表示为

$$T_{n,n'}=\frac{\varphi_n^{\text{da}}}{r_n^{n'}}+\frac{\varphi_n^{\text{co}}}{f_{n'}} \tag{11-15}$$

完成任务 $A_{n,t}$ 所需的总能耗可表示为

$$E_{n,n'}=\frac{P_n^{n'}\varphi_n^{\text{da}}}{r_n^{n'}}+\eta_{n'}(f_{n'})^2\varphi_n^{\text{co}} \tag{11-16}$$

式中，$\eta_{n'}(f_{n'})^2$ 表示车辆 n'的单位计算资源能耗，$\eta_{n'}$的值取决于芯片结构。

(5) 卸载到云中心服务器的计算模型。A^{l} 和少数需要大量计算的 A^{m} 类任务可以选择卸载到云中心服务器的方式来处理任务，借助云中心服务器强大的运算能力，任务的执行速率将显著提升。其中，由于 A^{l} 类任务大多以多媒体娱乐应用为主，返回结果通常也有大量的数据，数据下行的延时和能耗也要考虑在内。同时，考虑到云中心服务器有着充足的计算和存储资源，本章忽略任务在云中心服务器的执行延时和能耗。如用 result 表示返回的结果，则任务的执行时间可表示为

$$T_{n,c}^{\text{cloud}}=\begin{cases}\dfrac{\varphi_n^{\text{da}}}{r_n^e}+\dfrac{\varphi_n^{\text{da}}}{r_e^c},\ A_{n,t}\in A^{\text{m}}\\[2ex]\dfrac{\varphi_n^{\text{da}}}{r_n^e}+\dfrac{\varphi_n^{\text{da}}}{r_e^c}+\dfrac{\text{result}}{r_e^c}+\dfrac{\text{result}}{\tilde{r}_n^e},\ A_{n,t}\in A^{\text{l}}\end{cases} \tag{11-17}$$

完成任务 $A_{n,t}$ 所需的总能耗可表示为

$$E_{n,c}^{\text{cloud}}=\begin{cases}\dfrac{P_n^e\varphi_n^{\text{da}}}{r_n^e}+\dfrac{P_e^c\varphi_n^{\text{da}}}{r_e^c},\ A_{n,t}\in A^m\\[2ex]\dfrac{P_n^e\varphi_n^{\text{da}}}{r_n^e}+\dfrac{P_e^c\varphi_n^{\text{da}}}{r_e^c}+\dfrac{P_e^c\cdot\text{result}}{r_e^c}+\dfrac{P_n^e\cdot\text{result}}{\tilde{r}_n^e},\ A_{n,t}\in A^{\text{l}}\end{cases} \tag{11-18}$$

式中，P_e^c 表示 MEC 服务器和云中心服务器之间的传输功率。

11.1.5 系统成本模型

系统成本主要由能耗和延时两方面组成。如图 11－3 所示，在 t 时刻队列中有多个任务等待处理，若任务无法立即处理(如车辆当前没有可用计算资源、基站没有足够无线通信

资源)，可以在队列中等待资源释放。等待结束后，根据任务类型执行相应卸载操作。当本地执行高优先级任务时，系统成本只需考虑本地的计算耗时和能耗。当处理中优先级任务时，任务会转发至其他设备，还需考虑任务传输过程中的耗时和能耗。当低优先级任务被卸载到云中心服务器时，由于此类任务大多由娱乐应用产生，处理结果也伴随大量数据，还需额外将结果的传输成本纳入系统成本之中。

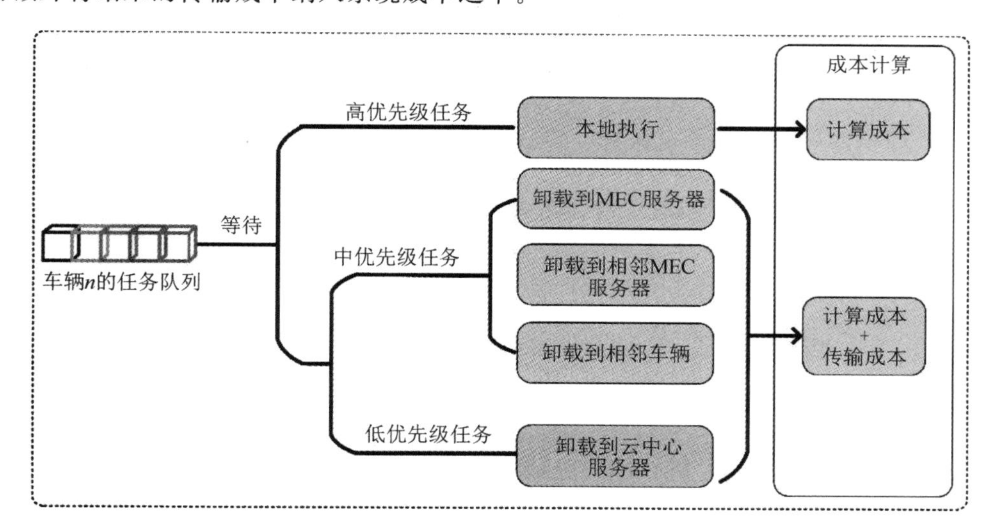

图 11-3 不同处理方式的成本计算

基于上述不同类型任务的通信和计算模型，车辆 n 在 t 时刻产生的任务所需的完成总时间 $T_{n,t}$ 可表示为

$$T_{n,t}=\omega_l T_n^{\text{loc}}+\omega_e T_{n,e}^{\text{edge}}+\omega_{e'} T_{n,e,e'}^{\text{edge}}+\omega_{n'} T_{n,n'}+\omega_c T_{n,c}^{\text{cloud}} \tag{11-19}$$

完成任务所需的总能耗 $E_{n,t}$ 可表示为

$$E_{n,t}=\omega_l E_n^{\text{loc}}+\omega_e E_{n,e}^{\text{edge}}+\omega_{e'} E_{n,e,e'}^{\text{edge}}+\omega_{n'} E_{n,n'}+\omega_c E_{n,c}^{\text{cloud}} \tag{11-20}$$

系统计算任务的总成本 $U_{n,t}$ 可表示为

$$U_{n,t}=\alpha_n T_{n,t}+(1-\alpha_n)E_{n,t} \tag{11-21}$$

式中，α_n 和$(1-\alpha_n)$分别表示延时和能耗的权重，且 $\alpha_n\in[0,1]$。

11.2 问题描述

在模型构建完成后，需要确立算法的优化目标。常规的任务调度优化算法在“云-边-端”结构的车联网环境下难以发挥作用，因此本节将设计基于深度强化学习算法的任务卸载和资源分配策略来解决优化问题。接下来首先介绍问题优化目标的构建，然后将任务卸载过程构建为马尔可夫决策过程。

11.2.1 问题优化目标的构建

改善车辆用户的体验需要降低任务执行时的能耗和延迟。由于车辆用户可以利用多种卸载方式处理不同任务，为了衡量操作表现的好坏，本节使用任务完成率和系统成本的比值来作为评判标准，其表达式为

$$\lambda_{e,t}=\sum_{n\in N}\frac{D_{n,t}}{U_{n,t}} \tag{11-22}$$

式中，N 和 $D_{n,t}$ 分别表示车辆的总数和车辆 n 任务完成的总数。

为了最大化系统处理能效，本节的优化问题可以建模为

$$\begin{aligned}
&\max\lambda_{e,t}\\
&\text{s.t.}\\
&(\text{c1})\omega_l,\ \omega_e,\ \omega_{e'},\ \omega_{n'},\ \omega_c\in 0,\ 1\\
&(\text{c2})\theta_n,\ \theta_n^e\in[0,\ 1]\\
&(\text{c3})\omega_l+\omega_e+\omega_{e'}+\omega_{n'}+\omega_c\leqslant 1\\
&(\text{c4})\sum_{k\in\mathbb{K}^e}x_{n,k}^e\leqslant 1\\
&(\text{c5})\sum_{k\in\mathbb{K}^{e2e}}x_{n,k}^{e'}\leqslant 1\\
&(\text{c6})\sum_{k\in\mathbb{K}^{n2n}}x_{n,k}^{n'}\leqslant 1\\
&(\text{c7})T_{n,t}\leqslant\varphi_n^{\text{de}}
\end{aligned} \tag{11-23}$$

式中，约束条件 c1 表示总共有三种任务类型和五种执行方式；约束条件 c2 表示车辆和 MEC 服务器计算资源分配变量的取值范围；约束条件 c3 表示车辆设备只能选择一种方式处理任务；约束条件 c4、c5 和 c6 表示设备间进行通信时上、下行信道在每个调度周期内只能分配给一个设备；约束条件 c7 表示任务执行时间需要满足任务可接受的最大延迟。

11.2.2 基于强化学习的任务卸载建模

优化问题建模的目的是在完成尽可能多的任务的同时减少系统成本。在越来越多的设备接入环境后，随之产生的应用任务会占用到大量系统资源，如何为各类任务分配系统中的通信、计算等资源成为一个复杂的问题，传统的算法难以高效处理此类问题，因此本章

使用 DRL 来解决任务卸载和资源分配的联合优化问题。首先，需要将优化问题转换成一个马尔可夫决策过程来描述任务卸载和资源分配的决策过程，然后，针对“云-边-端”的网络结构和多智能体交互的环境特点，使用 MADDPG 来训练任务卸载和资源分配的策略。在训练过程中，MEC 服务器作为智能体和环境互动，每个智能体都要考虑其他智能体可能采取的动作来更新模型，最后得到最合适的任务卸载和资源分配策略。接下来将详细介绍马尔可夫决策过程中的几个元素。

1）状态空间

在每个时刻的开始，MEC 服务器会收集信号范围内车辆的状态和可用资源的信息，建立状态信息。在 t 时刻，MEC 服务器 e 所观察到的状态信息包含以下要素：

（1）令 $S_{e,t}^{\text{task}}=(A_{1,t}, A_{2,t}, \cdots, A_{N,t})$ 表示 MEC 服务器 e 通信范围内车辆的任务状态。若车辆设备 n 已经超出通信范围，则 $A_{n,t}=0$。

（2）在 t 时刻，MEC 服务器 e 可用的计算资源可表示为 $S_{e,t}^{\text{co}}=f_{e,t}$。

（3）在 t 时刻，MEC 服务器 e 可用的频谱资源可表示为 $S_{e,t}^{\text{sr}}=C_{e,t}^{\text{SR}}$。

因此，MEC 服务器 e 在 t 时刻的状态空间可表示为 $S_{e,t}=(S_{e,t}^{\text{task}}, S_{e,t}^{\text{co}}, S_{e,t}^{\text{sr}})$，系统状态空间的定义可写作：$S_t=(S_{1,t}, S_{2,t}, \cdots, S_{E,t})$。

2）动作空间

队列中的任务依据不同类型共存在 5 种执行方式。在 t 时刻，MEC 服务器在决定任务执行方式的同时给车辆分配计算和通信资源。令 $\omega_l, \omega_e, \omega_{e'}, \omega_{n'}, \omega_c\in\{0, 1\}$ 表示 5 种任务卸载决策，由于任务只能以一种方式卸载，需要满足限制条件 $\omega_l+\omega_e+\omega_{e'}+\omega_{n'}+\omega_c\leqslant 1$。5 种执行动作的分析如下：

（1）当任务 $A_{n,t}$ 本地执行时，$\omega_l=1$，车辆还需为任务分配计算资源 θ_n，其余值则为 0。

（2）当任务 $A_{n,t}$ 卸载到 MEC 服务器时，$\omega_e=1$，车辆和 MEC 服务器通信所需的通信资源为 $x_{n,k}^{e}$，其余值则为 0。

（3）当任务 $A_{n,t}$ 卸载到相邻 MEC 服务器时，$\omega_{e'}=1$，车辆和 MEC 服务器通信所需的通信资源为 $x_{n,k}^{e}$，相邻 MEC 服务器之间通信所需的通信资源为 $x_{n,k}^{e'}$，其余值则为 0。

（4）当任务 $A_{n,t}$ 卸载到相邻车辆时，$\omega_{n'}=1$，车辆之间所需的通信资源为 $x_{n,k}^{n'}$，其余值则为 0。

（5）当任务 $A_{n,t}$ 卸载到云中心服务器时，$\omega_c=1$，任务经由 MEC 服务器转发时所需的通信资源为 $x_{n,k}^{e}$，其余值则为 0。

因此，MEC 服务器 e 在 t 时刻的动作空间为 $a_{e,t}=(\omega_l, \omega_e, \omega_{e'}, \omega_{n'}, \omega_c, \theta_n, \theta_n^e, x_{n,k}^{e}, x_{n,k}^{e'}, x_{n,k}^{n'})$，而系统动作空间可写作：$a_t=(a_{1,t}, a_{2,t}, \cdots, a_{E,t})$。

3）奖励函数

为了最大化系统处理能效，使任务完成率和系统成本达到平衡，本章根据任务的约束和执行结果设置了不同的奖励函数。采取动作 $a_{e,t}$ 后，当约束 c1～c6 中存在不满足的约束条件时，奖励函数可定义为

$$
\begin{aligned}
r_{e,t}=&l_1+\beta_1\cdot(\theta_n^e-1)\cdot\wedge(\text{c}2)+\\
&\beta_2\cdot((\omega_l+\omega_e+\omega_{e'}+\omega_{n'}+\omega_c)-1)\cdot\wedge(\text{c}1,\text{c}3)+\\
&\beta_3\cdot(\sum_{k\in\mathbb{K}^e}x_{n,k}^e-1)\cdot\wedge(\text{c}4)+\\
&\beta_4\cdot(\sum_{k\in\mathbb{K}^{e2e}}x_{n,k}^{e'}-1)\cdot\wedge(\text{c}5)+\\
&\beta_5\cdot(\sum_{k\in\mathbb{K}^{n2n}}x_{n,k}^{n'}-1)\cdot\wedge(\text{c}6)
\end{aligned}
\tag{11-24}
$$

式中，∧(c＊)表示若不满足约束条件(c＊)，其值为－1，反之为 0；l_1，β_1，β_2，β_3，β_4，β_5 均为实验参数。

当满足约束条件 c1～c6，不满足约束条件 c7 时，奖励函数可定义为

$$r_{e,t}=l_2+\exp(T_{n,t}-\varphi_n^{\text{de}}) \tag{11-25}$$

式中，l_2 为实验参数。

当约束条件 c1～c7 都满足时，奖励函数可定义为

$$r_{e,t}=l_3+\beta_6\cdot\exp(-\lambda_{e,t}) \tag{11-26}$$

式中，l_3、β_6 为实验参数。

11.3 基于 MADDPG 的优化算法设计

在车联网环境中，每个设备的策略都在随着训练而发生改变，环境变得不再稳定。同时，在环境资源有限的情况下，各设备之间的资源竞争也十分剧烈。这就导致一些方案中使用的传统强化学习算法不再适用于当前环境，从单智能体的角度无法掌握全局环境的状态，策略模型的训练容易陷入局部最优解，无法得到任务的最佳卸载策略。因此本节设计了基于 MADDPG 的优化算法，该算法从全局角度出发训练各个智能体，有利于获取任务的最佳卸载策略。

如图 11－4 所示，MADDPG 在 Actor-Critic 结构基础上加入了双神经网络（当前网络和目标网络）和经验回放机制[136]。Actor 网络根据智能体的状态计算出合适的动作，Critic 网络评估该动作的好坏，可以在连续动作空间中选出合适动作。经验回放区用于保存一定

数量智能体先前在环境中状态变化的数据，当需要更新网络模型时，当前网络可以从经验回放区随机取出数据进行训练，这样既能打破数据间的关联性，也能使训练过程更加稳定。基于 MADDPG 的优化算法的训练过程包括集中式训练和分布式执行两部分。在集中式训练过程中，需先从云中心服务器的经验回放区 D 中随机抽取训练样本。参与训练的智能体 e 仅观察自身周围的环境，并将获得的状态信息 s_e 输入到 Actor 网络来获取最优的动作 a_e。Critic 网络需要使用环境中所有智能体的动作 a 和状态信息 S 来进行动作价值评估，然后根据损失函数分别更新两个网络模型的参数。在分布式执行过程中，智能体只使用 Actor 网络来和环境互动，收集训练样本。然后将所有智能体的样本数据(S, a, r, S')集中保存在经验回放区 D 中用于以后的模型训练。通过与环境交互和基于 MADDPG 的优化算法训练，每个智能体最终可以训练出任务卸载和资源分配的最优策略。

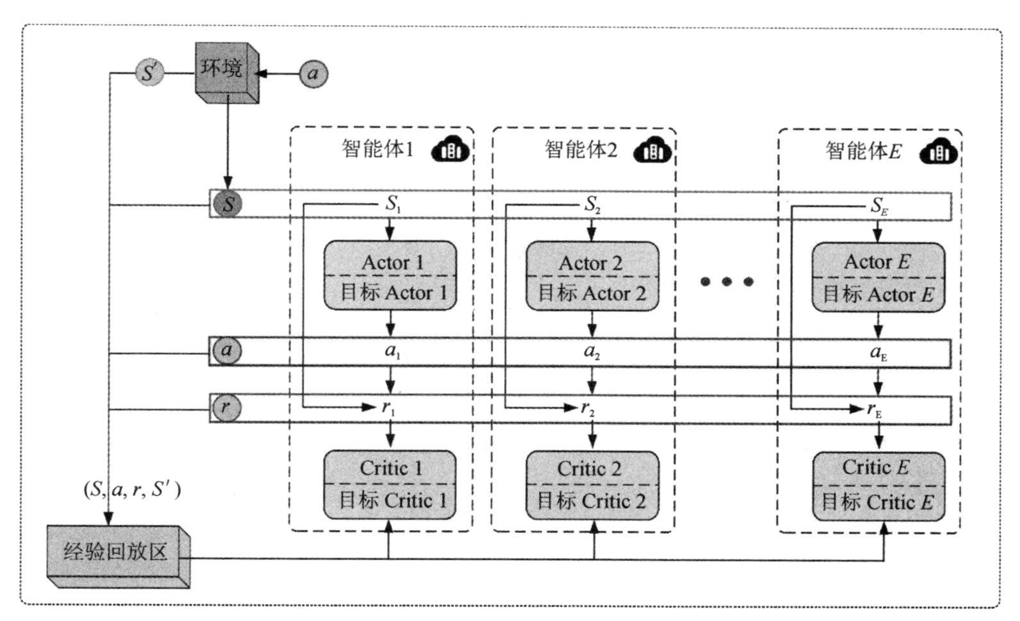

图 11-4 基于 MADDPG 的优化算法框架

表 11-1 是针对联合优化问题提出的基于 MADDPG 的任务卸载和资源分配算法的伪代码。假设有 E 个 MEC 服务器参与中心化训练，$\mu=\{\mu_{\theta 1},\mu_{\theta 2},\cdots,\mu_{\theta E}\}$（简写为 μ_i）和 $\theta=\{\theta_1,\theta_2,\cdots,\theta_E\}$分别表示参与者的确定性策略和网络参数，则 MEC 服务器 e 的资源分配策略的确定性策略梯度可以表示为

$$\nabla_{\theta_e} J(\mu_e) = \mathbb{E}_{S,a\sim D}\left[\nabla_{\theta_e}\mu_e(a_e \mid s_e)\,\nabla_{a_e} Q_e^{\mu}(S, a_1, a_2, \cdots, a_E)\big|_{a_e=\mu_e(s_e)}\right] \tag{11-27}$$

式中，$Q_e^{\mu}(S, a_1, a_2, \cdots, a_E)$是 Q 函数（Critic 网络）。

目标 Q 值由目标 Critic 网络计算得出，可以表示为

$$y = r_e + \gamma Q_e^{\mu'}(S', a'_1, a'_2, \cdots, a'_E)\big|_{a'_j=\mu'_j(S'_j)} \tag{11-28}$$

式中，γ 是折扣系数。

Critic 网络对损失函数使用梯度下降的方式更新网络参数，其损失函数可以表示为

$$L(\theta_e) = \mathbb{E}_{S,a,r,S'}[(Q_e^{\mu}(S, a_1, a_2, \cdots, a_E) - y)^2] \tag{11-29}$$

资源分配策略(Actor 网络)通过梯度下降的方式更新网络参数，更新决策模型梯度的计算公式可表示为

$$\nabla_{\theta_e} J \approx \frac{1}{X}\sum_i \nabla_{\theta_e}\mu_e(s_e^i)\nabla_{a_e}Q_e^{\mu}(s^i, a_1^i, a_2^i, \cdots, a_E^i)\big|_{a_e=\mu_e(S'_e)} \tag{11-30}$$

式中，X 表示数据批次的大小；i 表示样本的索引。

表 11-1 基于 MADDPG 的任务卸载和资源分配算法伪代码

基于 MADDPG 的任务卸载和资源分配算法
1 初始化：随机初始化 Actor 网络和 Critic 网络的网络模型参数；
2 for t = 1 to max-episode-length do
3 所有智能体使用本地策略和环境互动获取样本数据(S, a_e, r_e, S')，并将其保存在经验回放区；
4   for e = 1 to E do
5   智能体 e 从经验回放区随机抽取 i 组样本数据训练模型；
6   计算本地 Actor 网络的梯度并更新网络模型； $\frac{1}{X}\sum_{i\in I} \nabla_{\theta_e}\mu_e(s_e^i)\nabla_{a_e}Q_e^{\mu}(s^i, a_1^i, a_2^i, \cdots, a^i_E)\big\|_{a_e=\mu_e(S'_e)}$
7   计算本地 Critic 网络的损失函数并使用梯度下降更新网络模型； $L(\theta_e) = \mathbb{E}_{S,a,r,S'}[(Q_e^{\mu}(S, a_1, a_2, \cdots, a_E) - y)^2]$
8   end for
9 更新所有智能体的目标网络模型； $\theta_e = K\theta_e + (1-K)\theta'_e$
10 if t= aggregation do
11   执行联邦学习模型聚合；
12   end if
13 end for

11.4 基于联邦学习的算法优化

优化算法的目标是在处理尽可能多的任务的同时降低系统成本。在模型的训练过程中，需要共享大量的用户数据来提升模型表现，数据的发送会占用过多的通信资源，增加

了资源分配的难度。此外，通信过程中也存在信息泄露的风险，信息安全问题也应有所考虑。为了克服这些困难，本节在 MADDPG 的训练框架中引入了联邦学习（Federated Learning，FL）。FL 作为一种分布式机器学习，以确保数据隐私安全为前提，可实现联合建模和模型性能优化。

本章在边缘计算场景中建立了一个 FL 模型。在模型初始化的阶段，每个 MEC 服务器都从云中心服务器获取全局 MADDPG 模型 $W(t)$ 并初始化模型参数。在模型训练阶段，各 MEC 服务器只使用本地数据训练模型 $W_1(t)$，$W_2(t)$，…，$W_N(t)$。当 MEC 服务器本地训练完成后，更新的模型参数会上传至云中心服务器。在模型聚合阶段，云中心服务器根据各 MEC 服务器训练时本地数据在总数据中的占比聚合模型参数并更新全局模型 $W(t+1)$，然后下发模型参数至各 MEC 服务器继续进行下一轮的训练。当 MEC 服务器接收到新模型时，会采用软更新的方式更新模型参数，以减少新模型中不良参数产生的影响。在训练模型时，模型的本地更新和云端聚合公式如下：

$$W_i(t)=\sigma W_i(t)+(1-\sigma)W(t) \tag{11-31}$$

$$W(t+1)=\sum_{i=1}^{E}\frac{D_i}{D}W_i(t) \tag{11-32}$$

式中，σ 表示软更新的权重；D 表示训练样本的总数；D_i 表示 MEC 服务器 i 中本地训练样本的数量。

表 11-2 是通过 FL 改进后的 MADDPG 算法中模型聚合部分的伪代码。

表 11-2　模型聚合伪代码

模型聚合
1 for $t=1$ to max-episode-length do 2 　智能体处： 3 　for $i=1$ to E do 4 　　从服务器下载全局模型 $W(t)$ 并更新模型参数； $$W_i(t)=\sigma W_i(t)+(1-\sigma)W(t)$$ 5 　　使用本地数据训练模型并更新模型参数； 7 　end for 8 　服务器处： 9 　执行联邦学习中的模型聚合，更新全局模型； $$W(t+1)=\sum_{i=1}^{E}\frac{D_i}{D}W_i(t)$$ 10 下发新的全局模型 $W(t+1)$； 11 end for

11.5 实验与结果分析

11.5.1 实验参数设置

本节中，使用 PyTorch 来实现基于 MADDPG 的任务卸载和资源分配算法。首先设置了实验的模拟环境。假设环境中存在 1 个云中心服务器和 5～9 个 MEC 服务器，每个 MEC 服务器通信范围内有 40～100 个车辆设备。然后，设计优化算法中神经网络的结构。其中，Actor 网络包含 2 个全连接隐藏层，Critic 网络包含 3 个连接隐藏层，Actor 和 Critic 网络均使用 relu 函数作为激活函数，而 Actor 网络的输出层则用 tanh 函数来限制输出结果。最后，将训练次数设置为 35 000 轮，并进行模型训练。具体的环境和模型训练参数如表 11－3 所示。此外，为了评估本章所提出算法的性能，11.5.2 节中将其与以下算法进行对比：

(1) 随机卸载(RD)算法：在该算法中，三类任务随机分配执行方式。任务所分得的资源有时无法满足执行要求。

(2) DQN 算法：该算法将 Q-Learning 和神经网络结合来获得最佳卸载动作，但是在当前参数设置的场景下需要将连续的动作离散化。

(3) DDPG 算法：该算法在 DQN 基础上加入 Actor-Critic 结构来获取最佳卸载策略，并使用 Actor 网络获得确定性动作。

表 11－3 实验环境与参数设置

参 数	值
Critic 网络层数	5
Critic 网络形式	全连接
Critic 网络隐藏层神经元数量	[1024，512，256]
Critic 网络学习率	0.0001
Actor 网络层数	4
Actor 网络形式	全连接
Actor 网络隐藏层神经元数量	[256，128]
Actor 网络学习率	0.0001
经验回放区大小	6000
联邦学习参数	0.4
优化器	adam
激活函数	relu
Mini-batch	128

续表

参 数	值
MEC 服务器数量	5，7，9
设备数量	200～800

11.5.2 算法收敛性分析

在模拟实验中，本节对环境中的智能体共进行了 35 000 回合训练。本章所提出的 FL-MADDPG 算法和 MADDPG 算法的收敛性能对比如图 11－5 所示。

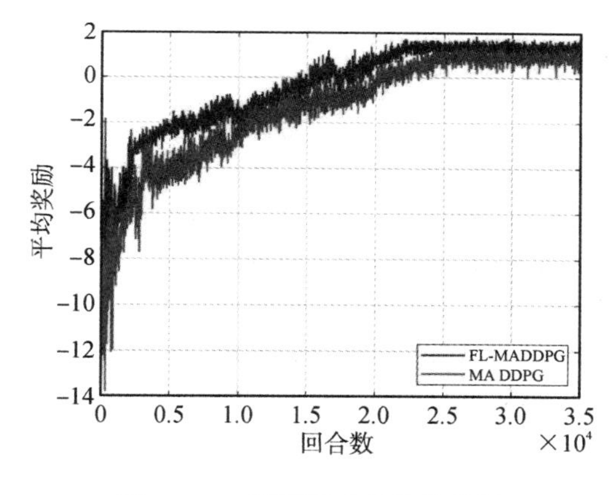

图 11－5　不同算法的收敛效果

在起始的 0～3000 回合的训练中，由于环境中的智能体还处在探索阶段，经验回放区没有足够数据用于训练，两个算法的奖励值都有较大波动。随着训练回合数的增加，智能体的平均奖励开始逐渐上升。FL-MADDPG 算法每经过一定数量的训练会执行一次模型聚合，更容易脱离局部最优解，因此平均奖励的上升更加稳定。最后，它们的平均奖励保持在了一个稳定的正奖励中，可以看出，FL-MADDPG 算法比 MADDPG 算法有着更好的收敛表现。

此外，本节还在不同数量智能体参与训练的情况下测试了 FL-MADDPG 算法的收敛性能。如图 11－6 所示，当智能体的数量增加时，FL-MADDPG 算法的平均奖励开始有所下降，模型也需要更多的训练回合数才能达到收敛。这是因为智能体的数量增加导致了动作空间和状态空间的维度上升，提高了训练难度。当智能体的数量增加到 9 时，对模型产生了较大影响，在训练初始阶段需要更多的回合数来探索环境，模型收敛后的平均奖励也有了明显下降。在对比实验中，虽然智能体的增加延缓了模型的收敛速度，但是 FL-MADDPG 算法模型在收敛后其平均奖励依旧能保持在正奖励中。

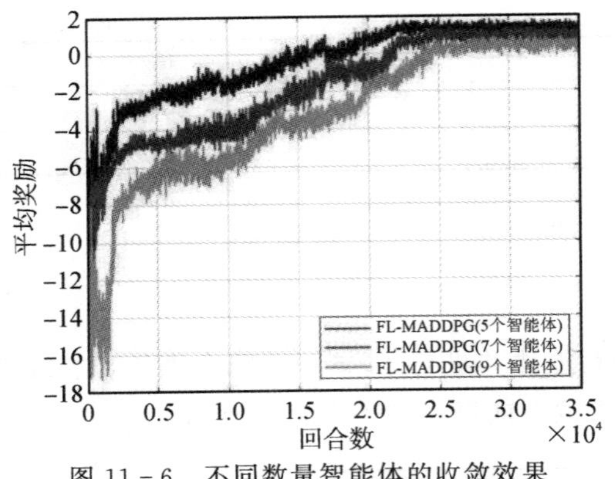

图 11-6 不同数量智能体的收敛效果

11.5.3 任务延时分析

为了评估 FL-MADDPG 算法的执行效率，本节对比了不同算法在不同系统资源条件下的任务完成率。如图 11-7 所示，当系统中的通信资源和计算资源减少时，任务的完成率开始出现线性下降。尤其在通信资源从 60 MHz 下降到 40 MHz 时，通信资源的缺乏导致有些任务无法卸载到 MEC 服务器，任务完成率受到了较大影响。但是，在实验中，FL-MADDPG 算法和 DDPG 算法、DQN 算法相比，依旧能保持较高的任务完成率。

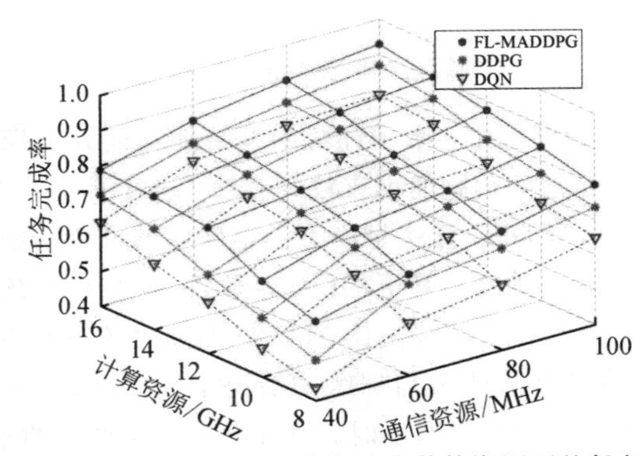

图 11-7 不同算法在不同通信资源和计算资源下的任务完成率

同时，本节在系统资源固定、设备数量增加的情况下比较了不同算法的任务执行效率。图 11-8(a)和 11-8(b) 分别展示了任务的平均时延和完成率。由于环境中设备的增加产生了更多需求不同的任务，有限的系统资源需要分配给更多的设备，任务的延迟开始增加，完成率开始下降。与其他算法相比，FL-MADDPG 算法的任务延迟和完成率均有良好表现，变化也相对平缓。这是因为 FL-MADDPG 根据任务类型给设备分配通信和计算资源，

采用更合适地方式处理任务，有效提升了系统执行效率，减少了资源竞争。

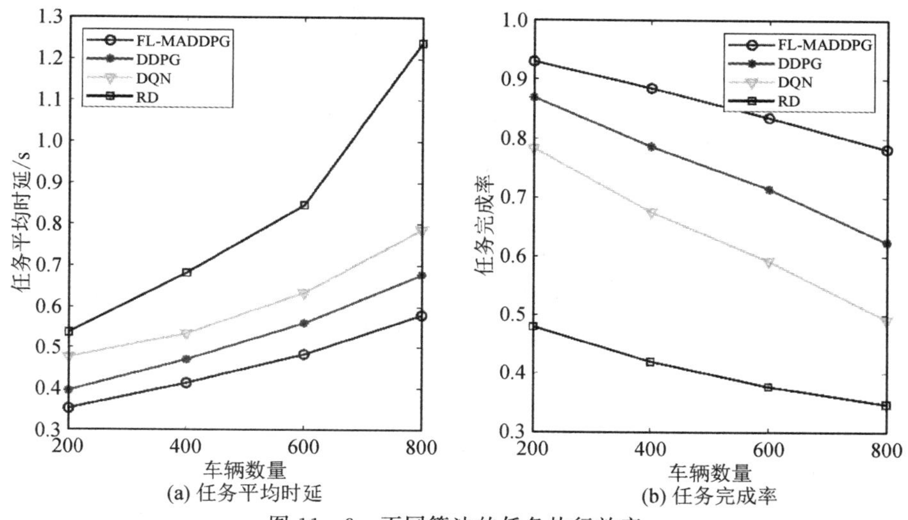

图 11－8　不同算法的任务执行效率

11.5.4　任务能耗分析

在系统能耗方面，本节将 FL-MADDPG 算法与其他现有算法做了对比试验。图 11－9 展示了当设备数量增加时不同算法的归一化能耗。从图中可以看出，任务的能耗随着设备数量增加而增加，而 FL-MADDPG 算法的能耗明显低于其他算法。因为在 FL-MADDPG 算法中，合理的资源分配方式让设备能更充分利用服务器端的资源，减少了不必要的能耗开销。

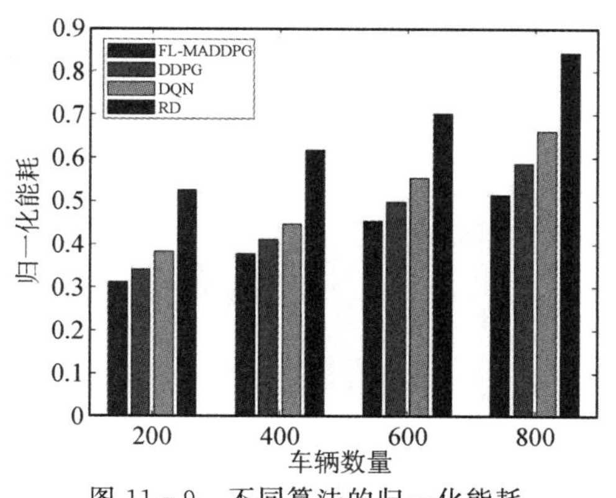

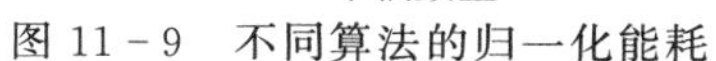
图 11－9　不同算法的归一化能耗

本 章 小 结

本章提出一种基于任务类型的任务卸载和资源分配的策略，在资源有限的条件下减少车联网中任务执行时的延迟和能耗。首先，本章针对不同类型的任务设计一种分层卸载机制，分析了任务的卸载过程并建立了通信、计算和系统成本模型。然后，根据上述模型确立优化目标，将任务卸载和资源分配的联合优化问题设计成一个马尔可夫决策过程。使用基于 MADDPG 的算法来最大化系统的处理能效。最后，将 FL 和 MADDPG 框架结合，减缓由于数据分布不平衡造成的影响，提高模型的训练速度。实验表明，本章所提出的算法在模型收敛性、能耗和任务完成率等方面均有良好表现。

第十二章　基于异步深度强化学习的车联网资源分配

随着 MEC 技术的兴起，车辆设备往智能化方向发展的趋势越发明显，接入车联网设备的数量开始不断上升，车辆异构性增加的同时也要求应用开发方提供更加灵活、高效和丰富多样的使用服务。大量移动设备接入车联网导致网络中任务协助计算的请求激增，这对现有车联网中任务卸载和资源调度能力是一大考验，也对任务决策模型的训练效率造成很大影响。

第十一章中采取同步训练模式的多智能体强化学习算法以 MEC 服务器为智能体与环境互动并参与模型训练，获取任务卸载和资源分配的最佳策略，虽然有效解决了车联网中资源使用紧张的问题，但是在环境中设备急剧增加的情况下，模型的训练效率还是会有所降低，灵活性也会下降。因此，本章在上一章节的研究框架基础上继续进行改进，将模型训练的模式优化为异步训练模式，并且以车辆设备作为智能体参与训练，提升了训练的灵活性。此外，针对各个车辆的本地模型在训练完毕后因存在时间差异而导致模型具有滞后性的问题，本章算法在模型聚合时添加了时间衰减系数来减少落后模型对全局模型更新造成的不利影响。通过异步多智能体强化学习算法求解问题，能在多设备的车联网环境下更快获取最佳的任务卸载和资源分配策略。

12.1　任务卸载模型

本节将详细介绍车联网中任务卸载的场景，并且设计通信模型、计算模型和系统成本模型的构建方法。

12.1.1　任务卸载场景

车辆设备的智能化在提升用户使用体验的同时也产生了大量计算密集型和延迟敏感型

任务。如图 12-1 所示，为了研究车辆任务卸载和资源分配的联合优化问题，本章构建了一个基于“云-边-端”网络结构的车联网场景，其中包括设备层，边缘计算层和云中心层。与上一章设计不同的是，任务卸载的决策模型不再存放在边缘服务器上，而是存放在车辆设备中，任务执行动作由车辆根据决策模型直接得出，减少了动作指令传输的延迟。

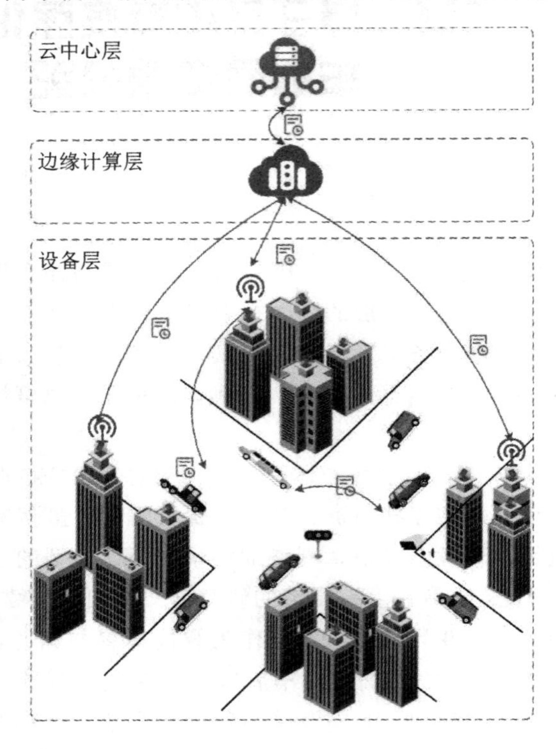

图 12-1　网络结构

根据图 12-1 所示的网络结构，本章任务卸载的执行方式包括以下四种：

(1) 本地执行；

(2) 卸载到边缘服务器；

(3) 卸载到相邻车辆；

(4) 卸载到云中心服务器。

假设环境中车辆的集合为 $n=\{1, 2, \cdots, N\}$，$\text{Task}_{n,t}=\{\varphi_n^{da}, \varphi_n^{co}, \varphi_n^{de}, k\}$表示车辆 n 在 t 时刻产生的任务，其中，φ_n^{da}、φ_n^{co}、φ_n^{de} 分别表示任务的大小、完成任务所需的计算资源、任务可接受的最大延迟，k 表示任务适合的执行方式。

本章任务的卸载过程可分为以下几个步骤：

(1) 车辆进入边缘服务器通信范围后通过路侧单元获取当前环境中的资源信息并下载

任务决策模型。

（2）车辆将设备资源和任务信息输入决策模型以获取任务卸载的最佳决策。

（3）车辆得到任务卸载的最优策略后执行相关操作。当任务在本地执行时，车辆直接分配计算资源执行任务。当任务卸载到相邻车辆时，车辆获取通信资源传输任务并在相邻车辆上执行。当任务卸载到边缘服务器或云中心服务器时，边缘服务器直接执行获取的任务或将其进一步卸载到云中心服务器上，得出的计算结果通过路侧单元反馈给车辆设备。

12.1.2 通信模型

设备的传输速率主要根据香农公式计算得出。在 12.1.1 节的网络结构下任务卸载的传输速率需考虑以下三种情况：

（1）车辆至边缘服务器。当车辆自身的计算资源不足以满足任务处理需求时，边缘服务器可以协助任务计算。车辆 n 和边缘服务器 e 之间的传输速率 r_n^e 可表示为

$$r_n^e = B_e \cdot \frac{C_e}{K_e} \cdot \mathrm{lb}\left(1 + \frac{P_n{}^e \cdot h_n{}^e}{\sigma^2 + I_n{}^e}\right) \tag{12-1}$$

式中，B_e 为车辆和边缘服务器通信时所分得的信道数量；C_e 为通信的带宽资源总量；K_e 为通信信道总数；P_n^e 为任务传输功率；σ^2 为噪声功率；h_n^e 和 I_n^e 分别为车辆和边缘服务器间的路径损耗和信道干扰。

此外，考虑到车辆移动性对通信造成的干扰，按照参考文献[52]、[53]中的设置，路径损耗 h_n^e 可表示为

$$h_n^e = 128.1 + 37.6\lg(d_n^e) \tag{12-2}$$

式中，d_n^e 为车辆到边缘服务器的距离。

（2）车辆之间。车辆也能将任务卸载到周围处于空闲状态的相邻车辆。车辆之间的传输速率 $r_n^{n'}$ 可表示为

$$r_n^{n'} = B_{n'} \cdot \frac{C_{n'}}{K_{n'}} \cdot \mathrm{lb}\left(1 + \frac{P_n^{n'} \cdot h_n^{n'}}{\sigma^2 + I_n^{n'}}\right) \tag{12-3}$$

式中，$B_{n'}$ 为车辆间通信时所分得的信道数量；$C_{n'}$ 为通信的带宽资源总量；$K_{n'}$ 为通信信道总数；$P_n^{n'}$ 为任务传输功率；σ^2 为噪声功率；$h_n^{n'}$ 和 $I_n^{n'}$ 分别为车辆间的路径损耗和信道干扰。

与上文类似，车辆之间通信的路径损耗 $h_n^{n'}$ 可表示为

$$h_n^{n'} = 128.1 + 37.6\lg(d_n^{n'}) \tag{12-4}$$

式中，$d_n^{n'}$ 为相邻车辆之间的距离。

（3）边缘服务器与云中心服务器之间。当边缘服务器无法满足计算密集型任务的资源请求时，任务可以被进一步卸载至云中心服务器。由于边缘服务器和云中心服务器使用高速光纤连接，传输速度相对稳定，可以用一个固定值 r_e^c 表示。

12.1.3 计算模型

任务的计算模型包括延时和能耗两方面，任务的传输和计算过程均要考虑。根据任务的四种执行方式可以建立以下四种任务计算模型：

(1) 本地执行。车辆在本地执行任务时只需考虑本地计算的开销。车辆给任务 $A_{n,t}$ 分配的计算资源为 f_n，任务的执行时间 T_n^1 和能耗 E_n^1 可表示为

$$T_n^1=\frac{\varphi_n^{co}}{f_n} \tag{12-5}$$

$$E_n^1=\eta_n(f_n)^2\varphi_n^{co} \tag{12-6}$$

式中，$\eta_n(f_n)^2$ 为车辆 n 的单位计算资源能耗，η_n 的值取决于芯片结构。

(2) 卸载到边缘服务器。当车辆自身的计算资源无法满足任务需求时，可以借助边缘服务器协助计算。边缘服务器上计算资源总量为 f_e，分配给任务 $A_{n,t}$ 的比例为 θ，任务的执行时间 T_n^e 和能耗 E_n^e 均由传输和计算两部分组成，可分别表示为

$$T_n^e=\frac{\varphi_n^{da}}{r_n^e}+\frac{\varphi_n^{co}}{\theta\cdot f_e} \tag{12-7}$$

$$E_n^e=P_n^e\cdot\frac{\varphi_n^{da}}{r_n^e}+\varphi_n^{co}\cdot X_e \tag{12-8}$$

式中，X_e 表示边缘服务器的单位计算资源能耗。

(3) 卸载到相邻车辆。当车辆周围有处于空闲状态的其他车辆时，任务也能被卸载到相邻车辆协助计算。任务的执行时间 $T_n^{n'}$ 和能耗 $E_n^{n'}$ 可表示为

$$T_n^{n'}=\frac{\varphi_n^{da}}{r_n^{n'}}+\frac{\varphi_n^{co}}{f_{n'}} \tag{12-9}$$

$$E_n^{n'}=P_n^{n'}\cdot\frac{\varphi_n^{da}}{r_n^{n'}}+\eta_{n'}(f_{n'})^2\varphi_n^{co} \tag{12-10}$$

式中，$\eta_{n'}(f_{n'})^2$ 为相邻车辆 n' 的单位计算资源能耗，$\eta_{n'}$ 的值取决于芯片结构。

(4) 卸载到云中心服务器。一些计算量大但是对延迟不敏感的任务可以进一步卸载到云中心服务器计算。考虑到云中心服务器有着充足的计算资源，本章忽略任务在云中心服务器的执行延时和能耗。任务的执行时间 T_n^c 和能耗 E_n^c 可表示为

$$T_n^c=\frac{\varphi_n^{da}}{r_n^{n'}}+\frac{\varphi_n^{co}}{f_{n'}} \tag{12-11}$$

$$E_n^c=P_n^e\cdot\frac{\varphi_n^{da}}{r_n^e}+P_n^c\cdot\frac{\varphi_n^{da}}{r_c} \tag{12-12}$$

式中，P_n^c 为边缘服务器和云中心服务器之间的任务传输功率。

12.1.4 系统成本模型

系统成本模型由延时和能耗两部分组成。任务的计算结果和任务本身大小相差较大，因此结果的传输延迟可忽略不计。根据12.1.3节不同的任务计算模型，车辆n在t时刻产生的任务被执行完毕所需的时间$T_{n,t}$和能耗$E_{n,t}$可分别表示为

$$T_{n,t}=\varphi_{l}\cdot T_{n}^{l}+\varphi_{e}\cdot T_{n}^{e}+\varphi_{n'}\cdot T_{n}^{n'}+\varphi_{c}\cdot T_{n}^{c} \tag{12-13}$$

$$E_{n,t}=\varphi_{l}\cdot E_{n}^{l}+\varphi_{e}\cdot E_{n}^{e}+\varphi_{n'}\cdot E_{n}^{n'}+\varphi_{c}\cdot E_{n}^{c} \tag{12-14}$$

式中，φ_{l}，φ_{e}，$\varphi_{n'}$，$\varphi_{c}\in\{1, 0\}$分别表示任务的执行方式。例如，当任务本地执行时，φ_{l}值为1，其余三个值为0。

系统计算任务的总成本可表示为

$$U_{n,t}=\alpha\cdot T_{n}+(1-\alpha)\cdot E_{n} \tag{12-15}$$

式中，α和$1-\alpha$分别表示延时和能耗的权重，且$\alpha\in[0, 1]$。

12.2 问题描述

为了应对车辆设备的异构性对模型训练产生的不利影响，本节将在第十一章的基础上改进算法。我们设计了基于异步深度强化学习算法的任务卸载和资源分配策略来解决优化问题，提高了算法应用的灵活性。本节首先确立问题的优化目标，然后将任务卸载过程构建为马尔可夫决策过程

12.2.1 问题优化目标

在该系统模型下，车辆会根据自身的资源状态和任务信息选择不同的任务执行方式，环境中的空闲车辆、边缘服务器和云中心服务器都能协助车辆处理任务。为了让所有车辆在处理任务时的延迟和能耗达到最小化，问题的优化目标可描述为

$$\min\lambda_{t}=\sum_{n\in N}U_{n,t}$$

其限制条件如下：

$$\begin{cases}\text{c1: }\varphi_{l},\ \varphi_{e},\ \varphi_{n'},\ \varphi_{c}\in\{1, 0\}\\ \text{c2: }\varphi_{l}+\varphi_{e}+\varphi_{n'}+\varphi_{c}=1\\ \text{c3: }B_{e}\leqslant K_{e}\\ \text{c4: }B_{n'}\leqslant K_{n'}\\ \text{c5: }\theta\in[0, 1]\\ \text{c6: }T_{n,t}\leqslant\varphi_{n}^{de}\end{cases} \tag{12-16}$$

式中，限制 c1 和 c2 表示车辆只能选择一种方式处理任务；限制 c3 和 c4 表示任务传输时所用的通信带宽资源不能超过环境上限；限制 c5 表示边缘服务器给卸载的任务所分配的计算资源不能超过资源总量；限制 c6 表示任务执行时间需要满足任务可接受的最大延迟。

12.2.2 基于强化学习的任务卸载建模

车联网中任务卸载和资源分配的优化问题是一个具有 NP-Hard 性质的问题，传统的优化算法难以高效应对车联网环境下资源的调度分配问题，因此本章使用基于异步深度强化学习的算法来求解最佳的任务卸载和资源分配策略。首先，本章将上述优化问题建模为马尔可夫决策过程，以准确描述车辆的任务卸载和资源分配决策过程；然后，车辆作为智能体与环境互动并利用基于 A3C(Asynchronous Advantage Actor Critic)的算法进行模型训练；最后，根据算法训练出的决策模型获得任务卸载和资源分配的最佳决策。

马尔可夫决策过程所包含元素(如状态空间、动作空间、奖励函数)的设置如下：

1) 状态空间

车辆的任务信息和车联网环境下主要的资源信息都包含在状态空间中，以便决策模型在训练中获得准确的环境信息来更新模型。车辆 n 在 t 时刻的状态空间可表示为 $S_{n,t}=\{\text{Task}_{n,t}, C, f\}$，其中，$C=\{C_n, C_e, C_{n'}\}$表示环境中通信资源状态的集合；$f=\{f_n, f_e, f_{n'}\}$表示设备计算资源状态的集合。

2) 动作空间

在"云-边-端"网络结构的车联网环境中，任务共有四种执行方式，且每个任务只能以一种方式执行。在 t 时刻，车辆 n 需根据任务卸载策略模型选择出相应的执行动作并为任务 $\text{Task}_{n,t}$ 分配执行所需的资源，因此动作空间可表示为 $a_{n,t}=\{\varphi_1, \varphi_e, \varphi_{n'}, \varphi_c, B_e, B_{n'}, \theta, f_n, f_{n'}\}$。

任务卸载的四种执行方式的分析如下：

(1) 当任务 $\text{Task}_{n,t}$ 本地执行时，$\varphi_1=1$，车辆为任务分配的计算资源为 f_n，其余值则为 0。

(2) 当任务 $\text{Task}_{n,t}$ 卸载到边缘服务器时，$\varphi_e=1$，车辆和边缘服务器之间通信所分配到的信道总数为 B_e，边缘服务器为任务分配的计算资源的比例为 θ，其余值则为 0。

(3) 当任务 $\text{Task}_{n,t}$ 卸载到相邻车辆时，$\varphi_{n'}=1$，车辆之间通信所分配到的信道总数为 $B_{n'}$，相邻车辆为任务分配的计算资源为 $f_{n'}$，其余值则为 0。

(4) 当任务 $\text{Task}_{n,t}$ 卸载到云中心服务器时，$\varphi_c=1$，任务经过边缘服务器转发时所分配到的信道总数为 B_e，其余值则为 0。

3) 奖励函数

车辆根据决策模型采取不同的任务执行方式后，还通过奖励函数来获取环境的反馈并评估动作的好坏。本章的目标是最小化所有车辆在处理任务时的延迟和能耗，因此奖励函

数可设置为

$$r_{n,t}=-U_{n,t} \tag{12-17}$$

式中，奖励函数的值设置为负数，动作的奖励值越接近0，则表示动作的执行效果越好。

12.3　基于A3C的算法设计

在第十一章的实验中，智能体数量的增加给模型训练的收敛效果造成了一定负面影响。随着接入车联网设备数量的增加和设备异构性的提升，同步训练的劣势会越发明显。因此，本章从车辆设备的角度出发，设计了基于A3C的模型训练算法。得益于异步训练的结构优势，全局模型不用等待所有智能体完成本地训练后再进行模型更新，各个智能体在本地训练完成后只需直接将本地模型参数上传到边缘服务器便能完成全局模型的更新，提升了算法的灵活性。

Actor-Critic（AC）算法是一种结合基于策略和基于价值思想的算法，Actor方法利用策略梯度算法实现，Critic方法使用时序差分实现。如图12-2所示，基于A3C的算法同样

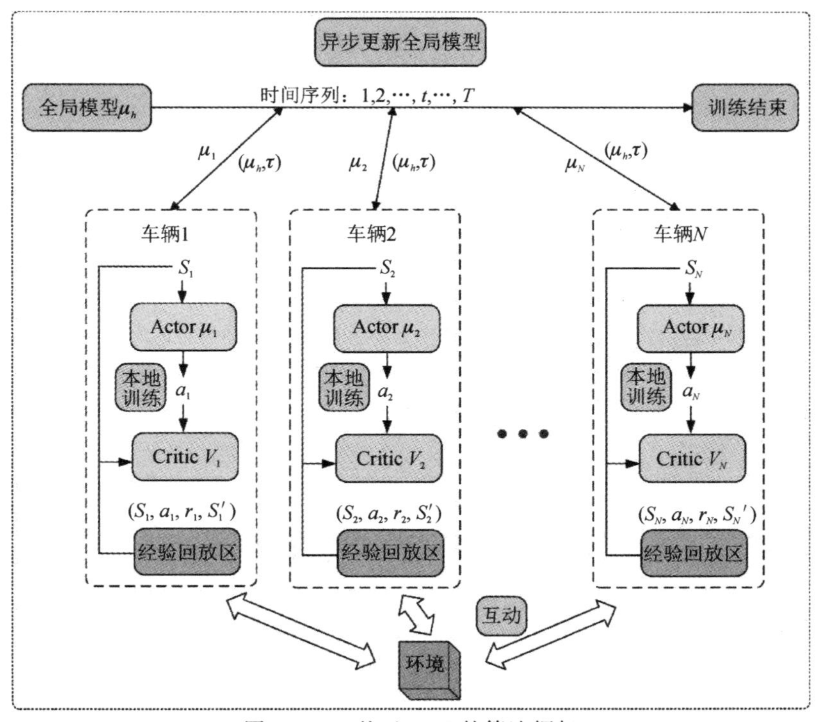

图12-2　基于A3C的算法框架

具备 Actor-Critic 结构，Actor 网络根据智能体当前的状态计算出合适的动作，Critic 网络则通过计算状态价值来评估当前状态的好坏。假设参与训练的车辆设备的数量为 N，$\mu=\{\mu_1, \mu_2, \cdots, \mu_N\}$ 和 $V=\{V_1, V_2, \cdots, V_N\}$ 分别表示参与者的策略函数(Actor 网络)和状态价值函数(Critic 网络)，其网络的参数分别为 $\theta_\mu\{\theta_{\mu1}, \theta_{\mu2}, \cdots, \theta_{\mu N}\}$ 和 $\theta_V=\{\theta_{V1}, \theta_{V2}, \cdots, \theta_{VN}\}$。在每轮训练开始前，智能体先使用 Actor 网络与环境互动来收集训练用的样本数据 (S, a, r, S') 并将其保存在经验回放区 D 中。训练开始后，每个智能体随机从经验回放区抽取样本数据，通过优势函数对 Actor 网络和 Critic 网络进行梯度更新，更新后的本地参数上传到边缘服务器更新全局模型并将新的模型下载到本地继续进行训练，直到策略模型达到较好的表现效果时结束训练。表 12-1 是该算法的伪代码。

表 12-1 基于 A3C 的任务卸载和资源分配算法的伪代码

基于 A3C 的任务卸载和资源分配算法
1 初始化：初始化全局模型 μ_h、各智能体的本地 Actor 网络 μ、Critic 网络 V 的参数； 2 for $t=1$ to 16000 do 3 　　所有智能体使用本地策略模型与环境互动获取样本数据 (S, a, r, S')，并将其保存到经验回放区； 4 　　for $n=1$ to N do 5 　　　智能体 n 随机抽取样本数据训练模型； 6 　　　计算优势函数 $A(S, a)$； 7 　　　计算本地 Actor 网络 μ_n 的梯度并更新网络模型； 　　　　$\nabla_{\theta'}\log\mu_n(a \mid S)A(S, a)$ 8 　　　计算 Critic 网络的损失函数并更新网络模型； 　　　　$\text{Loss}=(Q(S, a)-V(S))^2$ 9 　　　if 本地训练完成 do 10 　　　　上传本地模型并更新全局模型； 　　　　$\theta'_{\mu h}=\sigma\cdot\theta_{\mu h}+(1-\sigma)\cdot\theta_{\mu n}\cdot\omega(t)$ 11 　　　　智能体 n 从边缘服务器下载全局模型 μ_h，并得到下载模型时的时间戳 τ； 12 　　　　end if 13 　　　end for 14 　end for

优势函数 $A(S, a)$ 为动作价值函数和状态价值函数的差值，可表示为

$$A(S, a)=Q(S, a)-V(S) \tag{12-18}$$

式中，评估动作的动作价值函数 $Q(S, a)$ 由单步采样近似估计得出，可表示为

$$Q(S, a)=r+\gamma\cdot V(S') \tag{12-19}$$

式中，γ 为衰减系数。

车辆 n 中 Actor 网络的更新策略梯度可表示为

$$\nabla_{\theta'} \log \mu_n (a \mid S) A(S, a) \tag{12-20}$$

Critic 网络以最小化损失函数的方式更新参数，其损失函数可表示为

$$\text{Loss} = (Q(S, a) - V(S))^2 \tag{12-21}$$

假设车辆 n 在 t 时刻完成了本地模型更新，上传至边缘服务器后对全局模型 μ_h 的参数 $\theta_{\mu h}$ 更新的策略如下：

$$\theta'_{\mu h} = \sigma \cdot \theta_{\mu h} + (1-\sigma) \cdot \theta_{\mu n} \cdot \omega(t) \tag{12-22}$$

式中，$\theta'_{\mu h}$ 为更新后参数；$\theta_{\mu h}$ 为更新前参数；σ 为参数更新的权重；$\omega(t)$为异步更新模型时用于减少落后模型对全局模型造成负面影响的时间衰减系数，其计算公式为

$$\omega(t) = \frac{1}{t-\tau} \tag{12-23}$$

式中，τ 表示车辆 n 下载全局模型时得到的时间戳。

12.4　实验与结果分析

12.4.1　实验参数设置

为了验证本章所提算法的性能表现，本节在 Python 平台中对其进行实验。实验中假设边缘服务器的通信范围内存在 50～80 个车辆设备，车辆会随机产生不同类型的任务。车联网中的环境参数、Actor 和 Critic 网络的网络结构等数据参考表 11 - 3 中的设置。此外，为了评估本章所提算法的性能，本节将其与以下算法(或方案)进行了对比：

(1) 仅本地执行任务(Offloading Local，OL)：应用产生的任务全部在车辆本地执行，该方案任务的处理不仅耗时长，产生的能耗还减少了车辆的使用续航，没有充分利用环境中的可用资源。

(2) AC 算法：该算法采用 Actor-Critic 结构，是结合神经网络且具备在连续动作空间下做出决策的算法，可以训练出任务卸载和资源分配的决策模型，可以用来对本章所设计的算法在收敛性等方面进行对比评估。

(3) MADDPG 算法：该算法采用集中式训练、分布式执行的策略训练模型，结合了目标网络来计算目标 Q 值，从而降低非固定策略对学习过程的影响，可以对本章所设计的算法在任务执行的延时和能耗等方面进行对比评估。

12.4.2　算法收敛性分析

在模拟实验中，对车联网环境中的智能体共进行了 16 000 回合的训练，通过计算智能

体的平均奖励值来判断模型收敛的快慢。本章提出的基于A3C的算法和其他算法的收敛性对比如图12-3所示，可以看出本章算法与MADDPG算法和AC算法相比，奖励值可以更早进入平稳阶段，并且保持在较好的数值上。在大约前5000回合的训练迭代中可以看到，三个算法的奖励值都比较低且伴随着大幅波动，这是因为智能体在训练前期正处于探索阶段，决策模型做出的动作表现较差。随着迭代次数的增加，三个算法的奖励值均开始上升，由于异步训练的优势，本章所提算法的平均奖励值相较于MADDPG算法提前收敛在[-1, 0]，AC算法因为采用单视角观察环境，不能有效掌握环境中资源状态的变化，导致其平均奖励在迭代时波动幅度较大，且收敛的效果也较差。

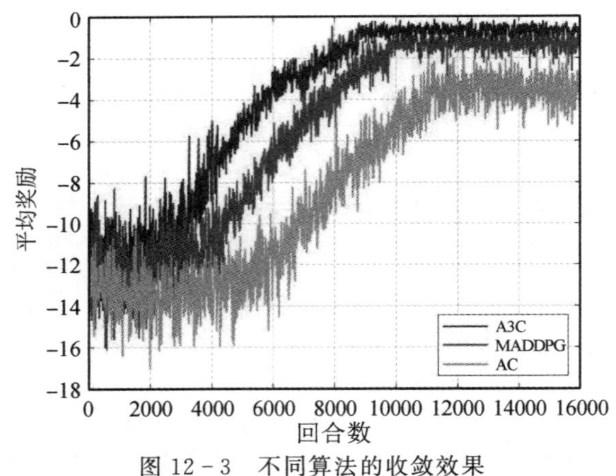

图 12-3 不同算法的收敛效果

12.4.3 任务执行表现分析

图12-4反映了系统成本模型中延时权重改变后的任务平均延时的变化。实验通过改

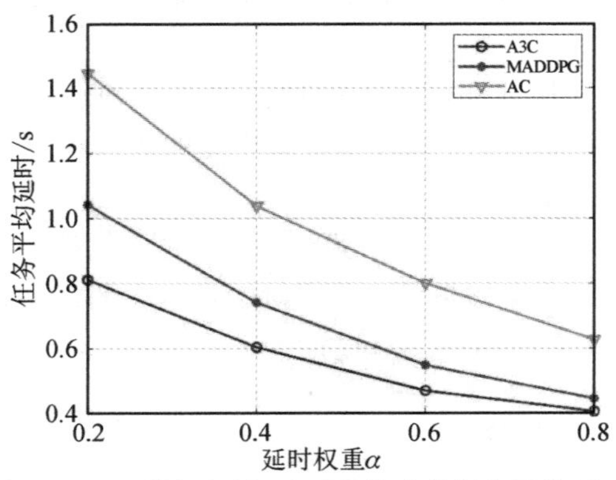

图 12-4 不同延时权重下各算法的任务平均延时

变延时权重的方式测试当车辆设备对任务处理的需求更倾向于低延迟时各算法的表现。本章所提算法和 MADDPG 算法都属于多智能体强化学习算法，从图 12-4 中可以看出，这两个算法的表现明显优于 AC 算法。同时在不同的权重下，基于 A3C 算法的策略可以做出更优的任务卸载策略，使其任务的平均延时都低于 MADDPG 算法。

随着延时权重的改变，能耗权重也发生了变化。图 12-5 反映了系统成本模型中能耗权重改变后的任务平均能耗的变化，本章所提算法在能耗方面依旧优于另外两种算法。从图 12-4 和图 12-5 的对比分析可以看出，当车辆对任务的执行延时要求高时，车辆更趋向于让任务在本地执行，减少传输时间，但同时本地执行方式也增加了本地处理任务并由此产生更多能耗。相反，当车辆对任务的执行能耗要求高时，车辆更趋向于让任务卸载执行，减少能量消耗。因此，当延时权重和能耗权重的值设置得比较接近时，任务可以取得较好的执行表现，使车辆用户的使用体验达到平衡。

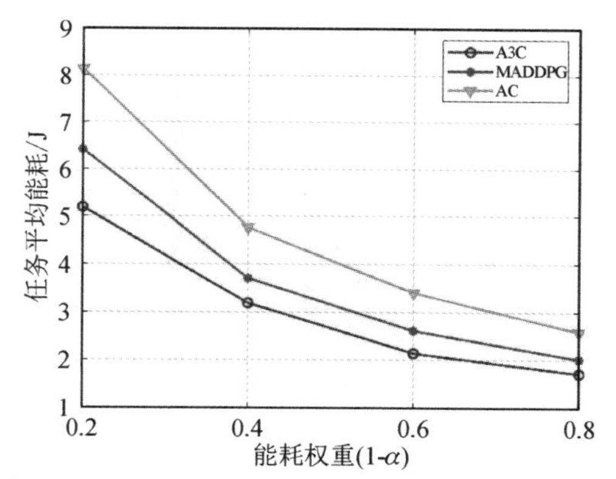

图 12-5　不同能耗权重下各算法的任务平均能耗

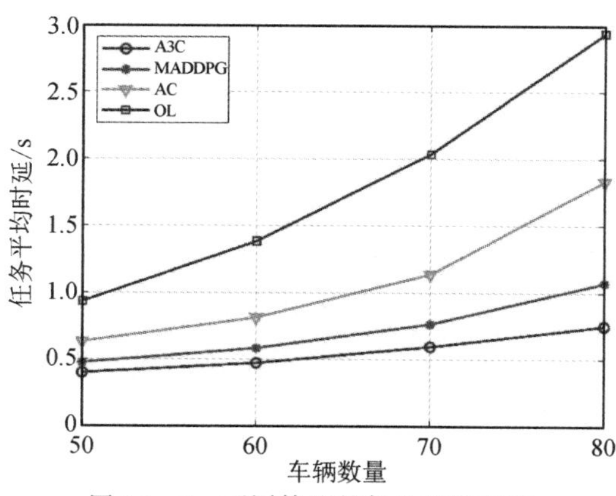

图 12-6　不同算法的任务平均时延

图 12-6 反映了当环境中车辆数量改变时任务平均时延的变化。车联网环境中的资源有限，车辆数量增加意味着任务产生量也会随之增加，这导致车辆与边缘服务器、相邻空闲车辆之间的通信更加频繁，会占用更多的通信资源。因此任务平均时延总体上呈上升的趋势，其中任务仅在本地执行的时延增长最快，而基于 A3C 算法的任务卸载策略的时延则缓慢上升，具有良好的表现。

图 12-7 反映了当环境中车辆数量改变时任务平均能耗的变化。从图中可以看出，当环境中车辆的数量相同时，本文提出的基于 A3C 的任务执行策略和另外三种执行策略相比，其任务平均能耗均处于最低的水平，这也表明基于 A3C 的任务执行策略具有更高的资源利用率，充分利用边缘服务器和云中心服务器的计算资源可缓解计算压力，减少了任务执行的能耗。

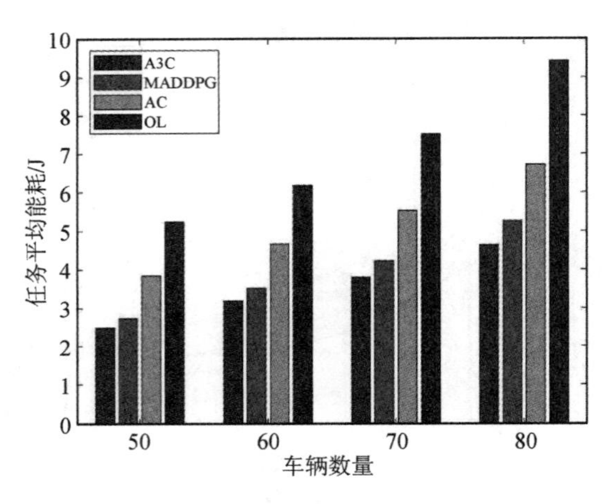

图 12-7 不同算法的任务平均能耗

本章小结

本章节针对车联网中用户数量增加而导致算法设计不够灵活的问题，在上一章的基础上继续改进建模方法和算法框架，优化了 Critic 网络的更新方式，设计了基于异步深度强化学习算法的任务卸载和资源分配方案，在全局模型的更新中加入了时间衰减系数，减少了落后模型对全局模型造成的影响，提升了模型训练的效率和灵活性。实验结果表明，本章所提出的基于 A3C 算法的任务卸载和资源分配策略在模型训练时可以以较快的速度使模型向优化方向收敛，降低训练时间，同时有效减少了任务执行延迟和系统能耗，提升了车辆用户的使用体验。

参 考 文 献

[1] 施巍松，孙辉，曹杰，等．边缘计算：万物互联时代新型计算模型[J]．计算机研究与发展，2017，54(05)：907－924．

[2] 张佳乐，赵彦超，陈兵，等．边缘计算数据安全与隐私保护研究综述[J]．通信学报，2018，39(03)：1－21．

[3] 施巍松，张星洲，王一帆，等．边缘计算：现状与展望[J]．计算机研究与发展，2019，56(01)：69－89．

[4] 边缘计算安全白皮书．边缘计算产业联盟(ECC)与工业互联网产业联盟，2019．

[5] AN XINGSHUO，ZHOU XIANWEI，LU XING，et al. Sample selected extreme learning machine based intrusion detection in fog computing and MEC[J]. Wireless Communications and Mobile Computing，2018，2018：1－10．

[6] SUDQI KHATER B ，ABDUL WAHAB A，IDRIS M，et al. A lightweight Perceptron-Based intrusion detection system for fog computing [J]. Applied Sciences，2021，9(1) ：178．

[7] SOHAL A S，SANDHU R，SOOD S K，et al. A cybersecurity framework to identify malicious edge device in fog computing and cloud-of-things environments[J]. Computers & Security，2017，74(5)：340－354．

[8] YAO HAIPENG，GAO PENGCHENG，ZHANG PEIYING，et al. Hybrid intrusion detection system for Edge-Based iiot relying on Machine-Learning-Aided detection [J]. IEEE Network，2019，33(5)：75－81．

[9] ABESHU A，CHILAMKURTI N. Deep Learning：The frontier for distributed attack detection in Fog-to-Things computing[J]. IEEE Communications Magazine，2020，56(2)：169－175．

[10] YIN HONGSHENG，XUE MENGYANG，XIAO YUTENG，et al. Intrusion detection classification model on an improved k-Dependence bayesian network[J]. IEEE Access，2019，7：157555－157563．

[11] ALMOGREN A S. Intrusion detection in Edge-of-Things computing[J]. Journal of Parallel and Distributed Computing，2020，137：259－265．

[12] HUI HONGWEN，ZHOU CHENGCHENG，AN XINGSHOU，et al. A new resource allocation mechanism for security of mobile edge computing system[J]. IEEE Access，2019，7：116886－116899．

[13] LIN FUHONG, ZHOU YUTONG, AN XINGSHUO, et al. Fair resource allocation in an intrusion-detection system for edge computing: Ensuring the security of internet of Things devices[J]. IEEE Consumer Electronics Magazine, 2018, 7(6): 45 - 50.

[14] ARIAN T, KUSEDGHI A, RAAHEMI B, et al. A Collaborative load balancer for network intrusion detection in cloud environments[J]. Journal of Computers, 2017, 12(1): 28 - 47.

[15] WU XIAONIAN, ZHANG CHUYUN, ZHANG RUNLIAN, et al. A distributed intrusion detection model via nondestructive partitioning and balanced allocation for big data[J]. CMC: Comput. Mater. Continua, 2018, 56(1): 61 - 72.

[16] PUTHAL D, OBAIDAT M S, NANDA P, et al. Secure and sustainable load balancing of edge data centers in fog computing [J]. IEEE Communications Magazine, 2018, 56(5): 60 - 65.

[17] TEAJIN HA, YOON S, RISDIANTO A C, et al. Suspicious flow forwarding for multIPle intrusion detection systems on software-defined networks [J]. IEEE Network, 2016, 30(6): 22 - 27.

[18] LI CHUNLIN, TANG JIANHANG, MA TAO, et al. Load balance based workflow job scheduling algorithm in distributed cloud[J]. Journal of Network and Computer Applications, 2020, 152: 102518.

[19] DIDDIGI R B, PRABUCHANDRAN K J, BHATNAGAR S. Novel sensor scheduling scheme for intruder tracking in energy efficient sensor networks[J]. IEEE Wireless Communications Letters, 2018, 7(5): 712 - 715.

[20] KAUR K, GARG S, AUJLA G S,et al. Edge computing in the industrial internet of things environment: Software-defined-networks-based edge-cloud interplay[J]. IEEE communications magazine, 2018, 56(2): 44 - 51.

[21] PTITHI S, SUMATHI S. LD2FA-PSO: A novel learning dynamic deterministic finite automata with PSO algorithm for secured energy efficient routing in wireless sensor network[J]. Ad Hoc Networks, 2020, 97: 102024.

[22] HAN LANSHENG, ZHOU MAN, JIA WENJING, et al. Intrusion detection model of wireless sensor networks based on game theory and an autoregressive model[J]. Information Sciences 476(2019):491 - 504.

[23] COLOM J F, GIL D, MORA H, et al. Scheduling framework for distributed intrusion detection systems over heterogeneous network architectures[J]. Journal of Network and Computer Applications, 2018, 108: 76 - 86.

[24] YU ZHE, GONG YANMIN, GONG SHIMIN, et al. Joint task offloading and resource allocation in UAV-enabled mobile edge computing[J]. IEEE internet of Things Journal, 2020, 7(4): 3147-3159.

[25] AAZAM M, ZEADALLY S, FLUSHING E F. Task offloading in edge computing for machine learning-based smart healthcare [J]. Computer Networks, 2021: 108019.

[26] ZHAN WENHAN, LUO CHUNBO, WANG JIN, et al. Deep-reinforcement-learning-based offloading scheduling for vehicular edge computing [J]. IEEE internet of Things Journal, 2020, 7(6): 5449-5465.

[27] ZHANG NI, GUO SONGTAO, DONG YIFAN, et al. Joint task offloading and data caching in mobile edge computing networks[J]. Computer Networks, 2020, 182: 107446.

[28] ZHANG QI, GUI LIN, HOU FEN, et al. Dynamic task offloading and resource allocation for mobile-edge computing in dense cloud RAN[J]. IEEE internet of Things Journal, 2020, 7(4): 3282-3299.

[29] WANG FENG, XU JIE, CUI SHUGUANG. Optimal energy allocation and task offloading policy for wireless powered mobile edge computing systems[J]. IEEE Transactions on Wireless Communications, 2020, 19(4): 2443-2459.

[30] KAI CAIHONG, ZHOU HAO, YI YIBO, et al. Collaborative cloud-edge-end task offloading in mobile-edge computing networks with limited communication capability [J]. IEEE Transactions on Cognitive Communications and Networking, 2020.

[31] 鲁刚，张宏莉，叶麟. P2P 流量识别[J]. 软件学报，2011，22(06):1281-1298.

[32] KAOPRAKHON S, VISOOTTIVISETH V. Classification of audio and video traffic over HTTP protocol [C]//2009 9th International Symposium on Communications and Information Technology. IEEE, 2009: 1534-1539.

[33] PACHECO F, EXPOSITO E, GINESTE M, et al. Towards the deployment of machine learning solutions in network traffic classification: a systematic survey[J]. IEEE Communications Surveys & Tutorials, 2019, 21(2): 1988-2014.

[34] RAN JING, CHEN YEXIN, LI SHULAN. Three-Dimensional Convolutional Neural Network Based Traffic Classification for Wireless Communications, 2018 IEEE Global Conference on Signal and Information Processing (GlobalSIP), Anaheim, CA, USA, 2018, 624-627.

[35] YANG LINGYUN, DONG YUNING, WU ZHENG, et al. Feature mining for

internet video traffic classification[C]//2018 International Conference on Network Infrastructure and Digital Content (iC-NiDC). IEEE, 2018: 441 - 444.

[36] TANG PINGPING, DONG YUNING, JIN JIONG, et al. Fine-Grained classification of internet video traffic from qos perspective using fractal spectrum [J]. IEEE Transactions on Multimedia, 22(10): 2579 - 2596.

[37] DIORIO R F, TIMóTEO V S . Multimedia Content Delivery in OpenFlow SDN: An Approach Based on a Multimedia Gateway, 2016 international Conference on Computational Science and Computational intelligence (CSCI), Las Vegas, NV, 2016:612 - 617.

[38] JAN M A, ZHANG W, USMAN M, et al. SmartEdge: An end-to-end encryption framework for an edge-enabled smart city application[J]. Journal of Network and Computer Applications, 2019, 137: 1 - 10.

[39] MANZOOR A, BRAEKEN A, KANHERE S S, et al. Proxy re-encryption enabled secure and anonymous ioT data sharing platform based on blockchain[J]. Journal of Network and Computer Applications, 2021, 176: 102917.

[40] VAN DER HAGEN M K, LUCIA B. Client-optimized algorithms and acceleration for encrypted compute offloading[C]//Proceedings of the 27th ACM international Conference on Architectural Support for Programming Languages and Operating Systems. 2022: 683 - 696.

[41] ZHANG WEIZHE, ELGENDY I A, HAMMAD M, et al. Secure and optimized load balancing for multitier ioT and edge-cloud computing systems[J]. IEEE Internet of Things Journal, 2020, 8(10): 8119 - 8132.

[42] HE XIAOFAN, JIN RICHENG, DAI HUAIYU. Physical-layer assisted privacy-preserving offloading in mobile-edge computing [C]//ICC 2019-2019 IEEE International Conference on Communications (iCC). IEEE, 2019: 1 - 6.

[43] ZHAO PINFANG, ZHAO WEI, BAO HUI, et al. Security energy efficiency maximization for untrusted relay assisted NOMA-MEC network with WPT[J]. IEEE Access, 2020, 8: 147387 - 147398.

[44] QIU BIN, XIAO HAILIN, CHRONOPOULOS A T, et al. Optimal access scheme for security provisioning of C-V2X computation offloading network with imperfect CSi[J]. IEEE Access, 2020, 8: 9680 - 9691.

[45] BAI YANG, CHEN LIXING, SONG LINQI, et al. Risk-aware edge computation offloading using bayesian stackelberg game[J]. IEEE Transactions on Network and Service Management, 2020, 17(2): 1000 - 1012.

[46] KO H, LEE H, KIM T, et al. LPGA: Location privacy-guaranteed offloading algorithm in cache-enabled edge clouds [J]. IEEE Transactions on Cloud Computing, 2020, 10(4): 2729 - 2738.

[47] GAO HONGHAO, HUANG WANQIU, LIU TONG, et al. Ppo2: Location privacy-oriented task offloading to edge computing using reinforcement learning for intelligent autonomous transport systems [J]. IEEE transactions on intelligent transportation systems, 2022.

[48] LIU GAOYANG, WANG CHEN, MA XIAOQIANG, et al. Keep your data locally: Federated-learning-based data privacy preservation in edge computing[J]. IEEE Network, 2021, 35(2): 60 - 66.

[49] NGUYEN D C, PATHIRANA P N, DING M, et al. Privacy-preserved task offloading in mobile blockchain with deep reinforcement learning [J]. IEEE Transactions on Network and Service Management, 2020, 17(4): 2536 - 2549.

[50] ZHANG JILIANG, LI CHEN, YE JING, et al. Privacy threats and protection in machine learning [C]//Proceedings of the 2020 on Great Lakes Symposium on VLSi. 2020: 531 - 536.

[51] TONG ZHAO, ZHENG XIAO, LI KENLI, et al. Proactive scheduling in distributed computing-a reinforcement learning approach [J]. J. Parallel Distr. Comput. 2014,74(7):2662 - 2672.

[52] TONG ZHAO, DENG XIAOMEI, CHEN HONGJIAN, et al. QL-HEFT: a novel machine learning scheduling scheme base on cloud computing environment [J]. Neural Comput. Appl. 2020,32:5553 - 5570.

[53] MOSTAFAVI S, HAKAMI V A . stochastic approximation approach for foresighted task scheduling in cloud computing[J]. Wireless Pers Commun, 2020, 114 (1), 901 - 925.

[54] LI LELE, YU ZHIBIN, 2019. SMHC: A Synthetic Metric for Heterogeneous Resources in Cloud Computing [C]//Proceedings of the 2019 4th international Conference on Big Data and Computing, 97 - 101.

[55] WEI ZHENCHUN, LIU FEI, ZHANG YAN, et al. A Q-learning algorithm for task scheduling based on improved SVM in wireless sensor networks[J]. Comput. Network, 2019,161:138 - 149.

[56] LEI LEI, XU HUIJUAN, XIONG XIONG, et al. Joint computation offloading and multiuser scheduling using approximate dynamic programming in NB-IoT edge computing system[J]. IEEE Internet Things J, 2019, 6(3), 5345 - 5362.

[57] CHOWDHURY A, RAUT S A, NARMAN H S, et al. 2019. Drift adaptive deep reinforcement learning based scheduling for ioT resource management[J]. J. Netw. Comput. Appl. 138, 51 - 65.

[58] SINDE R, BEGUM F, NJAU K, et al. 2020. Refining network lifetime of wireless sensor network using energy-efficient clustering and DRL-based sleep scheduling [J]. Sensors 20(5), 1540.

[59] PRITHI S, SUMATHI S. 2020. LD2FA-PSO: a novel learning dynamic deterministic finite automata with PSO algorithm for secured energy efficient routing in wireless sensor network[J]. Ad Hoc Netw. 97, 102024.

[60] ZHANG LEI, ZHANG PENG, SUN WEI, et al. 2019. IMM4HT: an identification method of malicious mirror website for high-speed network traffic[J]. J. Commun. 40 (7), 87 - 94.

[61] SONMEZ C, OZGOVDE A, ERSOY C. Edgecloudsim: An environment for performance evaluation of edge computing systems[J]. Transactions on Emerging Telecommunications Technologies, 2018, 29(11): e3493.

[62] 王凌，郑环宇，郑晓龙.不确定资源受限项目调度研究综述[J].控制与决策，2014，29(04):577 - 584.

[63] 陈俊杰，同淑荣，叶正梗，等. 资源受限多项目调度问题的两阶段算法[J]. 控制与决策，2020，35(8):2013 - 2020.

[64] HARTMANN S, BRISKORN D. A survey of variants and extensions of the resource-constrained project scheduling problem [J]. European Journal of operational research, 2010, 207(1): 1 - 14.

[65] PELLERIN R, PERRIER N, BERTHAUT F. A survey of hybrid metaheuristics for the resource-constrained project scheduling problem[J]. European Journal of Operational Research, 2020, 280(2): 395 - 416.

[66] KAUR K, GARG S, AUJLA G S, et al. Edge computing in the industrial internet of things environment: Software-defined-networks-based edge-cloud interplay[J]. IEEE communications magazine, 2018, 56(2): 44 - 51.

[67] ZHANG LINGLING. Dynamic programming algorithm and bat algorithm based storm nodes scheduling in edge computing[J]. International Journal of Innovative Computing Information and Control,2020,16(3):1021 - 1033.

[68] ZHAO XU, JIANG JIN, REZA MOUSOLI. An improved Solution for Multimedia Traffic in NIDS Based On Elitist Strategy[J]. International Journal of Circuits, Systems and Signal Processing, 2019,13:40 - 45.

[69] ZHAO XU, HUANG GUANGQIU , REZA MOUSOLI. A multi-threading solution to multimedia traffic in NIDS based on hybrid genetic algorithm [J]. International Journal of Network Security,2020, 22(3):425 - 434.

[70] 王凌，潘子肖. 基于深度强化学习与迭代贪婪的流水车间调度优化[J]. 控制与决策，2021，36(11):2609 - 2617. DOI:10. 13195/j. kzyjc. 2020. 0608.

[71] 李凯文，张涛，王锐，等. 基于深度强化学习的组合优化研究进展[J/OL]. 自动化学报:1 - 22[2021 - 05 - 14]. https://doi. org/10. 16383/j. aas. c200551.

[72] CHEN XIANFU, ZHANG HONGGANG, WU CELIMUGE, et al. Optimized computation offloading performance in virtual edge computing systems via deep reinforcement learning[J]. IEEE Internet of Things Journal, 2018, 6(3): 4005 - 4018.

[73] LI QUANYI, YAO HAIPENG, MAI TIANLE, et al. Reinforcement-Learning-and Belief-Learning-Based Double Auction Mechanism for Edge Computing Resource Allocation[J]. IEEE Internet of Things Journal, 2019, 7(7): 5976 - 5985.

[74] AN XINGSHUO, Lü XING, YANG LEI, et al. Node state monitoring scheme in fog radio access networks for intrusion detection[J]. IEEE Access, 2019, 7: 21879 - 21888.

[75] TANG MING, WONG V W S. Deep reinforcement learning for task offloading in mobile edge computing systems [J]. IEEE Transactions on Mobile Computing, 2020.

[76] CAO ZILONG, ZHOU PAN, LI RUIXUAN, et al. Multiagent deep reinforcement learning for joint multichannel access and task offloading of mobile-edge computing in industry 4. 0[J]. IEEE Internet of Things Journal, 2020, 7(7): 6201 - 6213.

[77] LU HAIFENG, GU CHUNHUA, LUO FEI, et al. Optimization of lightweight task offloading strategy for mobile edge computing based on deep reinforcement learning[J]. Future Generation Computer Systems, 2020, 102: 847 - 861.

[78] TONG ZHAO, DENG XIAOMEI, YE FENG, et al. Adaptive computation offloading and resource allocation strategy in a mobile edge computing environment [J]. Information Sciences, 2020, 537: 116 - 131.

[79] LI WEN, MENG WEI, AU MAN HO. Enhancing collaborative intrusion detection via disagreement-based semi-supervised learning in ioT environments[J]. Journal of Network and Computer Applications, 2020, 161: 102631.

[80] DIRO A, CHILAMKURTI N. Leveraging LSTM networks for attack detection in

fog-to-things communications[J]. IEEE Communications Magazine, 2018, 56(9): 124 - 130.

[81] HAN LI, ZHOU MING, JIA WEI, et al. Intrusion detection model of wireless sensor networks based on game theory and an autoregressive model[J]. Information sciences, 2019, 476: 491 - 504.

[82] ZHOU MING, HAN LI, LU HUI, et al. Distributed collaborative intrusion detection system for vehicular Ad Hoc networks based on invariant[J]. Computer Networks, 2020, 172: 107174.

[83] WANG YING, MENG WEI, LI WEI, et al. Adaptive machine learning - based alarm reduction via edge computing for distributed intrusion detection systems[J]. Concurrency and Computation: Practice and Experience, 2019, 31(19): 5101.

[84] ALMOGREN A S. Intrusion detection in Edge-of-Things computing[J]. Journal of Parallel and Distributed Computing, 2020, 137: 259 - 265.

[85] MNIH V, KAVUKUUOGLU K, SILVER D, et al. Human-level Control through Deep Reinforcement Learning. Nature, 2015, 75(40): 518 - 529.

[86] ZHAN WENHAN, LUO C, MIN G, et al. Mobility-aware multi-user of-floading optimization for mobile edge computing [J]. IEEE Transactions on Vehicular Technology, 2020, 69(3):3341 - 3356.

[87] SILVESTRE-BLANES J, SEMPERE-PAYá V, ALBERO-ALBERO T. Smart Sensor Architectures for Multimedia Sensing in IoMT [J]. Sensors, 2020, 20(5): 1400.

[88] KUMARI A, TANWAR S, TYAGI S, et al. Multimedia big data computing and internet of Things applications: A taxonomy and process model[J]. Journal of Network and Computer Applications, 2018, 124: 169 - 195.

[89] MARQUES O, BAILLARGEON P. A Multimedia Traffic Classification Scheme for intrusion Detection Systems [C]// IEEE. International Conference on Information Technology and Applications, Auguest 1 - 4, 2005. Seattle, WA, USA. New York: IEEE Computer Society, 2005:496 - 501.

[90] MARQUES O, BAILLARGEON P. Design of a multimedia traffic classifier for snort[J]. Information Management & Computer Security, 2007, 15(3):241 - 256.

[91] ZANDER S, ARMITAGE G. Practical Machine Learning Based Multimedia Traffic Classification for Distributed QoS Management [C]// IEEE. Local Computer Networks. October 1 - 4, 2011, USA ,Chicago:IEEE, 2011:399 - 406.

[92] KANAI K, IMAGANE K, KATTO J. Overview of multimedia mobile edge

computing[J]. ITE Transactions on Media Technology and Applications, 2018, 6(1): 46 - 52.

[93] IMAGANE K, KANAI K, KATTO J, et al. Performance evaluations of multimedia service function chaining in edge clouds[C]//2018 15th IEEE Annual Consumer Communications & Networking Conference (CCNC). IEEE, 2018: 1 - 4.

[94] XU XIJIAN, WANG ZILEI, XI HONGSHENG. Session scheduling strategy for streaming media edge cloud based on deep reinforcement learning[J]. Computer Engineering,2019,45(5):237 - 242,248.

[95] ZHAO XU. The optimization research of the multimedia packets processing method in NIDS with 0/1 knapsack problem [J]. International Journal of Network Security, 2015, 17(3):351 - 356.

[96] ZHAO XU, JIANG JIN, M STINNETT. Research on a structure of the multimedia list oriented network intrusion detection system [J]. International Journal of Security and Its Applications, 2016, 10(12):53 - 68.

[97] ZHAO XU, JIANG JIN, M STINNETT. Optimization of dynamic programming to the multimedia packets processing method for network intrusion detection system [J]. International Journal of Security and Its Applications, 2015, 9(11):35 - 46. EI:20155201715531.

[98] YIN H, XUE M, XIAO Y, et al. Intrusion detection classification model on an improved k-Dependence bayesian network[J]. IEEE Access, 2019, 7: 157555 - 157563.

[99] 赵旭，王伟. 结合遗传算法的 NIDS 多媒体包多线程择危处理模型[J]. 计算机工程与应用，2016，52(14):115 - 118.

[100] JABBAR MA, ALUVALU R. RFAODE: A novel ensemble intrusion detection system[J]. Procedia Computer Science, 2017, 115: 226 - 234.

[101] TANG CHAO, LUKTARHAN NA, ZHAO YAN. An efficient intrusion detection method based on LightGBM and autoencoder[J]. Symmetry, 2020, 12(9):1458.

[102] LIU GUANGJUN, ZHANG JUN. CNID: research of network intrusion detection based on convolutional neural network[J]. Discrete Dynamics in Nature and Society, 2020, 2020: 1 - 11.

[103] 傅周超，刘建华. 基于深度学习的网络入侵检测系统[J]. 网络安全技术与应用，2023，265(01):4 - 7.

[104] MIRESHGHALLAH F, TARAM M, VEPAKOMMA P, et al. Privacy in deep learning: A survey. arXiv preprint arXiv: 2020,200412254.

[105] BOULEMTAFES A, DERHAB A, CHALLAL Y. A review of privacy-preserving techniques for deep learning. Neurocomputing 2020,384:21 - 45.

[106] ZUO CHAO, LIN ZHIGANG, ZHANG YIFEI. Why does your data leak? uncovering the data leakage in cloud from mobile apps. In: 2019 IEEE Symposium on Security and Privacy (SP), IEEE, 2019,1296 - 1310.

[107] HALL R, RINALDO A, WASSERMAN L. Differential privacy for functions and functional data. The Journal of Machine Learning Research 14(1), 2021, 2013, 703 - 727.

[108] RANAWEERA P, JURCUT A D, LIYANAGE M. Survey on multi-access edge computing security and privacy. IEEE Communications Surveys & Tutorials 23(2):1078 - 1124.

[109] HE YIYOU, MENG GUANGQUAN, CHEN KAI, et al. Towards security threats of deep learning systems: A survey. IEEE Transactions on Software Engineering 2020,48(5):1743 - 1770.

[110] DE CRISTOFARO E. An overview of privacy in machine learning. arXiv preprint arXiv, 2020,200508679.

[111] BEBORTTA S, SENAPATI D, PANIGRAHI C R, et al. Adaptive performance modeling framework for qos-aware offloading in mec-based iiot systems. IEEE internet of things journal, 2021, 9(12):10162 - 1017131.

[112] LIU GANG, WANG CHEN, MA XIAOHUI, et al. Keep your data locally: Federated-learningbased data privacy preservation in edge computing. IEEE Network, 2021,35(2):60 - 66.

[113] GAO HAO, HUANG WEI, LIU TAO, et al. PPo2: location privacy-oriented task offloading to edge computing using reinforcement learning for intelligent autonomous transport systems. IEEE transactions on intelligent transportation system, 2022,36(12). 14785 - 14792.

[114] NGUYEN D C, PATHIRANA P N, DING M, et al. Privacy-preserved task offloading in mobile blockchain with deep reinforcement learning. IEEE Transactions on Network and Service Management, 2020,17(4):2536 - 2549.

[115] HE YONGQIANG, MENG GUOWEI, CHEN KE, et al. Towards security threats of deep learning systems: A survey. IEEE Transactions on Software Engineering, 2020,48(5):1743 - 1770.

[116] DE CRISTOFARO E. An overview of privacy in machine learning. arXiv preprint arXiv2020:200508679.

[117] ZHANG WEIZHONG, ELGENDY I A, HAMMAD M, et al. Secure and optimized load balancing for multitier iot and edge-cloud computing systems. IEEE internet of Things Journal ,2020,8(10):8119-8132.

[118] JAN M A, ZHANG WEI, USMAN M, et al. Smartedge: An end-to-end encryption framework for an edge-enabled smart city application. Journal of Network and Computer Applications, 2019,137:1-10.

[119] MANZOOR A, BRAEKEN A, KANHERE S S, et al. Proxy re-encryption enabled secure and anonymous iot data sharing platform based on blockchain. Journal of Network and Computer Applications,2021,176:102917.

[120] VAN DER HAGEN M, LUCIA B. Client-optimized algorithms and accelerationfor encrypted compute offloading. In: Proceedings of the 27th ACM international Conference on Architectural Support for Programming Languages and Operating Systems, 2022, 683-696.

[121] MIRESHGHALLAH F, TARAM M, VEPAKOMMA P, et al. Privacy in deep learning:A survey. arXiv preprint arXiv, 2020:200412254.

[122] BOULEMTAFES A, DERHAB A, CHALLAL Y. A review of privacy-preserving techniques for deep learning. Neurocomputing, 2020, 384:21-45.

[123] ZUO CHEN, LIN ZHI, ZHANG YONG. Why does your data leak? uncovering the data leakage in cloud from mobile apps. In: 2019 IEEE Symposium on Security and Privacy (SP), IEEE, 2019:1296-1310.

[124] CHEN XI, ZHANG HONG, WU CHAO, et al. Optimized computation offloading performancen virtual edge computing systems via deep reinforcement learning. IEEE Internet of Things Journal, 2018,6(3):4005-4018.

[125] QI QIANG, WANG JIE, MA ZHIYONG, et al. Knowledge-driven service offloading decision for vehicular edge computing: A deep reinforcement learning approach. IEEE Transactions on Vehicular Technology, 2019, 68(5): 4192-4203.

[126] XU XUE, YANG CHENG, BILAL M, et al. Computation offloading for energy and delay trade-offs with traffic flow prediction in edge computing-enabled IoV. IEEE Transactions on Intelligent Transportation Systems, 2022,58(56): 8963-8969.

[127] HAZARIKA B, SINGH K, BISWAS S, et al. Drl-based resource allocation for

computation offloading in IoV networks. IEEE Transactions on Industrial Informatics , 2022,18(11):8027 - 8038.

[128] NING ZHIYONG, ZHANG KAI, WANG XIN, et al. Intelligent edge computing in internet of vehicles: A joint computation offloading and caching solution. IEEE Transactions on Intelligent Transportation Systems, 2020, 22(4):2212 - 2225.

[129] NGUYEN D C, PATHIRANA P N, DING M, et al. Privacy-preserved task offloading in mobile blockchain with deep reinforcement learning. IEEE Transactions on Network and Service Management,2020, 17(4):2536 - 2549.

[130] DWORK C, MCSHERRY F, NISSIM K, et al. Calibrating noise to sensitivity in private data analysis. In: Theory of Cryptography: Third Theory of Cryptography Conference, TCC 2006, New York, NY, USA, March 4 - 7, 2006. Proceedings 3, Springer, 265 - 284.

[131] ARACHCHIGE P C M, BERTOK P, KHALIL I, et al. Local differential privacy for deep learning. IEEE Internet of Things Journal, 2019, 7(7):5827 - 5842.

[132] ZILLER A, USYNIN D, BRAREN R, et al. Medical imaging deep learning with differential privacy. Scientific Reports,2021,11(1):1 - 8.

[133] KO H, LEE H, KIM T, et al. LPGA: Location privacy-guaranteed offloading algorithm incache-enabled edge clouds [J]. IEEE Transactions on Cloud Computing, 2020, 10(4): 2729 - 2738.

[134] HE XI, JIN RUIJIE, DAI HANCHAO. (2019) Physical-layer assisted privacy-preserving offloadingin mobile-edge computing. in: ICC 2019 - 2019 IEEE International Conference on Communications (ICC), IEEE, 1 - 6.

[135] WANG LIANG, WANG KE, PAN CHENG, et al. Multi agent deep reinforcement learning based trajectory planning for multi UAV assisted mobile edge computing [J]. IEEE Transactions on Cognitive Communications and Networking, 2020, 7(1): 73 - 84.

[136] FAN KAI, CHEN WEI, LI JUN, et al. Mobility aware joint user scheduling and resource allocation for low latency federated learning [C]//2023 IEEE/CIC International Conference on Communications in China (ICCC). IEEE, 2023: 1 - 6.

[137] 王雄，唐亮，卜智勇，等. 一种基于 SDN 的车联网协作传输算法[J]. 计算机应用与软件，2017，34(11):166 - 171.